U0641380

千问千答

无脊椎动物问与答

林育真 著

山东教育出版社

济南

图书在版编目（CIP）数据

动物趣味千问千答. 无脊椎动物问与答 / 林育真著.
济南：山东教育出版社，2025. 2. -- ISBN 978-7-5701-
3324-6

Ⅰ. Q95-49

中国国家版本馆 CIP 数据核字第2024FY4643号

DONGWU QUWEI QIAN WEN QIAN DA
WUJIZHUIDONGWU WEN YU DA

动物趣味千问千答
无脊椎动物问与答

林育真　著

主管单位：山东出版传媒股份有限公司
出版发行：山东教育出版社
　　　　　地址：济南市市中区二环南路2066号4区1号　　邮编：250003
　　　　　电话：（0531）82092660　　网址：www.sjs.com.cn
印　　刷：山东黄氏印务有限公司
版　　次：2025年2月第1版
印　　次：2025年2月第1次印刷
开　　本：880毫米×1230毫米　1/32
印　　张：4.125
字　　数：55千
定　　价：35.00元

（如印装质量有问题，请与印刷厂联系调换）印厂电话：0531-55575077

为什么做这套书

　　全球有记载动物 150 万种，从中可能提出无数问题，本套书精选 1000 个问题，涵盖动物的分类、形态、生理、生态、经济价值及与人类的关系，以图文并茂的形式，呈现了美丽、神秘、丰饶的动物世界，还包含了许多动物的趣闻轶事，帮助读者直观地认识动物。

　　本套书由六册组成，旨在普及动物基本知识及基础理论，内容涵盖动物界主要类群，无论是陆地动物、水生动物和飞行动物，还是洞穴动物和寄生动物等，书中都有其代表。其中无脊椎动物 158 题（昆虫另列），昆虫 173 题，鱼类 155 题，两栖类及爬行类 160 题，鸟类 173 题，哺乳动物 181 题。读者只要认真阅读，就能感知动物的神奇与奥秘，加深对动物世界的真切了解和科学认知，增强爱护动物、保护大自然的意识。

　　本套书以多重选择问答形式呈现，精心设计所有问题，每题设定三种对比答案选项，让读者进行比较、思考和自我测试，增强阅读兴趣，增加知识储备；题后附有简明扼要的参考答案及部分彩图实证，针对性强，易懂好记。

　　本套书是作者继《我的科普图书馆：蜘蛛、蚂蚁、鲨鱼》系列图书（全套三册）和《地球不能没有动物》系列图书（全套十册），以及《超级昆虫大发现》《小昆虫争霸大世界》《昆虫高手求生记》等系列科普图书之后，又一套精心策划的原创作品，秉承"科字当头"做真科普的初心，尽力追求全书科学性、知识性与趣味性的融合，同时兼顾科普的广泛性，有料有魂，内涵外延，信息丰满。虽然分列为"千问千答"，但仍保持图书结构和逻辑性的严谨。

　　希望读者阅读愉快。书中不妥之处，至祈指正。

林育真

什么是无脊椎动物？

　　无脊椎动物相对于脊椎动物来说，是体内没有脊椎骨、比较低等原始的一大类动物，包括多个门类，主要有原生动物、多孔动物、腔肠动物、扁形动物、线形动物、环节动物、软体动物、节肢动物和棘皮动物等。不同门类无脊椎动物的身体构造极其不同，活动方式各有特色，进化程度差异明显。

无脊椎动物分布广泛，几乎遍及全球，海洋、陆地和淡水生境都有它们的踪迹。总体来看，无脊椎动物多数种类为水生，大部分生活在海洋中，昆虫是真正陆生飞行的无脊椎动物，还有部分无脊椎动物寄生在其他动植物体内。

　　昆虫属于无脊椎动物，因其种类特别多，而且是真正陆生飞行动物，和其他无脊椎动物类群差别明显。因此，《昆虫问与答》单独成册。

1. 蜗牛的眼睛长在哪里?

A. 蜗牛没有眼睛
B. 蜗牛的眼睛长在两根长触角顶端
C. 蜗牛的眼睛长在两根短触角顶端

蜗牛的眼睛

蜗牛的眼睛

　　蜗牛的头上长有两对触角,一对长一点儿,另一对比较短。蜗牛的眼睛长在那对长触角的顶端,看起来像两个小圆球。由于蜗牛的眼睛结构简单,视觉细胞数量有限,所以它的视力很弱。

B

2.蜗牛怎样向前爬行？

A. 用它腹部的微小鳞片爬行
B. 用宽大腹足的肌肉蠕动爬行
C. 单靠自身分泌的黏液滑行

爬行中的蜗牛

　　蜗牛腹部没有鳞片，爬行时腹部紧贴在它爬行的物体上，依靠肌肉发达的腹足做波状蠕动而向前。腹足上有能分泌黏液的腺体，湿滑的黏液可帮助蜗牛在地面上顺利爬行。即使在粗糙的石块或沙砾上爬行，身体也不会被擦伤。在它们爬过的地方会留下一行黏液痕迹。

B

3. 一只庭院大蜗牛的寿命最多可能有多长？

A. 3 年
B. 6 年
C. 18 年

庭院大蜗牛

　　无论你是否相信，一只庭院大蜗牛的寿命可能长达18年。当然大多数蜗牛个体活不了这么久，由于遭遇天灾或天敌，大部分蜗牛的寿命只有5—6年，有些更早早就会死亡。庭院大蜗牛3岁才长大成年，才能繁殖后代。

C

4. 依据什么判断蜗牛的年龄?

A. 体长
B. 触角的粗细
C. 外壳的螺层数

成体蜗牛

　　因不同种类蜗牛身体构造的差异,依据体长、触角粗细不能判断蜗牛的老幼。通过观察蜗牛壳上的螺层才可判断其年龄。刚孵化的新生蜗牛有 2.5 个很小的基础螺层,接近两个月龄期增加一个螺层,成年后的蜗牛大约有 5.5—6 个螺层。有些种类的蜗牛螺层数可能还会多一个。

C

5.蜗牛的性别有什么特点？

A. 蜗牛没有性别，全都一样
B. 有的蜗牛是雌性，有的是雄性
C. 通常人们见到的蜗牛都是雌性

蜗牛都是雌雄同体。这就是说，所有蜗牛的性别都一样，它们不分雌雄，同一只蜗牛既能做爸爸也能做妈妈。这种情况说明，蜗牛属于比较低等的无脊椎动物。少数种类的蜗牛单独一只就能繁育后代，大多数种类的蜗牛需要两只配对繁育后代。

A

6.蜗牛的血液是什么颜色的？

A. 蓝色的
B. 红色的
C. 蜗牛没有血液

蜗牛是有血液的。少数种类蜗牛的血液是无色透明的；大多数种类蜗牛的血液是蓝色的，因为它们的血液中有含铜的血蓝蛋白，与氧结合呈蓝色，因此受伤的蜗牛流蓝色的血。人类的血液中有含铁的血红蛋白，因此是红色的。

A

7. 哪种蜗牛是现今世界上最大的陆生蜗牛?

A. 白玉蜗牛

B. 非洲大蜗牛

C. 巴蜗牛

非洲大蜗牛壳

非洲大蜗牛成体壳长一般为7—8厘米,个别超过20厘米,是世界上最大的陆生蜗牛。吉尼斯世界纪录认证的最大的陆生蜗牛就是一只非洲大蜗牛,壳长达39.3厘米,重900克。非洲大蜗牛可以食用。近年来,中国引进的非洲大蜗牛在野外过量繁殖,成了某些地区农业有害动物之一。

B

8.哪类动物是蜗牛致命的天敌？

A. 大蟾蜍
B. 萤火虫幼虫
C. 大黄蜂

巨萤幼虫捕食蜗牛

萤火虫幼虫是蜗牛致命的天敌。萤火虫成虫采食花粉、花蜜，但幼虫却是肉食性的，当它们夜间捕到蜗牛或鼻涕虫时，会用口器将毒素注入猎物体内，麻痹猎物后将其肉体溶化为浆液吸食享用。有些种类的母萤火虫产卵在蜗牛体内，卵孵化为幼虫后就以寄主蜗牛的肉体为食。

B

9.黏糊糊的鼻涕虫是什么动物？

A. 是失去硬壳的蜗牛
B. 是名叫蛞蝓的软体动物
C. 是基因缺陷的畸形蜗牛

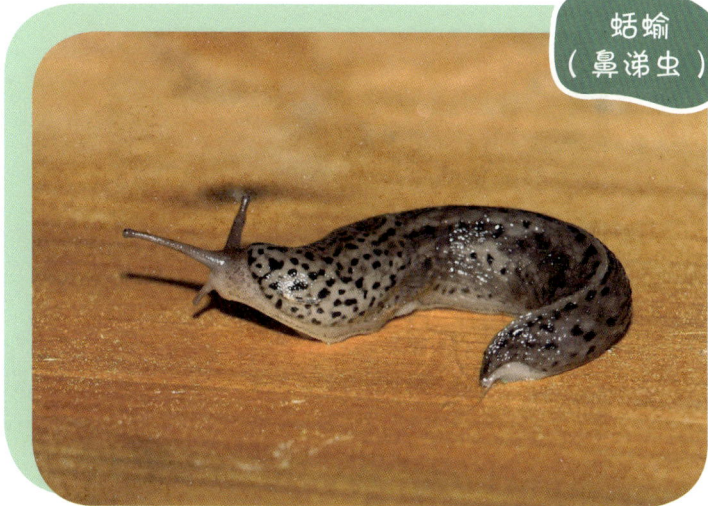

蛞蝓
（鼻涕虫）

黏糊糊的鼻涕虫大名叫蛞蝓。它和蜗牛的身体结构类似，眼睛也长在两根长触角顶端，是雌雄同体。它们明显的区别在于蜗牛体外都有硬壳，而蛞蝓体外没有硬壳，身体又软又黏，像一摊黏稠的鼻涕，因此，人们叫它"鼻涕虫"。

B

10. 成年蛞蝓身体很长，刚出生的蛞蝓有多长？

A. 小于 3 毫米，比一粒芝麻还小
B. 6 毫米左右，像一粒大米
C. 大约 9 毫米，像一粒花生米

一只身体伸展的成年蛞蝓

　　一只身体伸展开来的成年蛞蝓体长 10—15 厘米，和一支圆珠笔长度差不多。然而，刚孵化的蛞蝓非常小，体长不到 3 毫米，比一粒芝麻还小。经过 4—6 周的生长之后，它就变成一只儿童巴掌般长的成年蛞蝓了。

A

11.下列哪一类海洋动物看起来更像植物？

A. 海葵
B. 多孔动物（海绵动物）
C. 珊瑚虫

一种海绵动物

一种海绵动物

　　选项中三类动物都像植物一样固着生活，其中，多孔动物（海绵动物）更像植物，它们的形状大多为块状、垫状、球状、指状、树枝状、杯状或漏斗状等，固着海底生活，乍看起来没有一点儿动物的模样，因此曾长期被人误认为是真正的植物。

B

12. 多孔动物（海绵动物）是一类什么样的动物？（可多选）

A. 体壁由两层细胞构成
B. 体壁上有许多小孔或管道
C. 具有呼吸、消化和吸收等生理功能

出水口
进水小孔
鞭毛细胞
海绵动物示意图

一块天然海绵切面

海绵动物是构造简单的低等无脊椎动物，体壁由两层细胞构成，体壁上有许多小孔和少量大孔，因此被称为多孔动物。水由小孔进入体内，由大孔排出体外，食物微粒和氧气靠水流带入体内。它具有呼吸、消化和吸收等动物的生理功能。

A B C

13.什么时候科学家才确认海绵是动物的？

A. 17 世纪末期
B. 18 世纪末期
C. 19 世纪中期

古老原始的海绵动物

直到 19 世纪中期，科学家才确认海绵是动物。这期间由于人们生物学知识的积累，通过细致、耐心的观察，加上放大镜、显微镜的发明和改进，才看清海绵身体的细微构造和生理功能。海绵体内有一层具有鞭毛的细胞，鞭毛摆动推动周围水流，海绵依靠水流带入体内的食物微粒而生存。

C

14.哪些动物类群属于刺胞动物？

A. 海绵、海葵
B. 水螅、水母
C. 涡虫、鞭毛虫

一种水螅

一种水母

一种珊瑚虫

刺胞动物（腔肠动物）是特殊的单独一门，称刺细胞动物门。水螅、海葵、水母和珊瑚虫属于刺细胞动物门。体内具有刺细胞是刺胞动物共同的特征，刺细胞是刺胞动物特有的攻击及防卫"武器"，遍布于体表，触手上尤其多。

B

15. 刺胞动物刺细胞的刺丝总是伸展在细胞外吗？

A. 不是
B. 是的
C. 不清楚

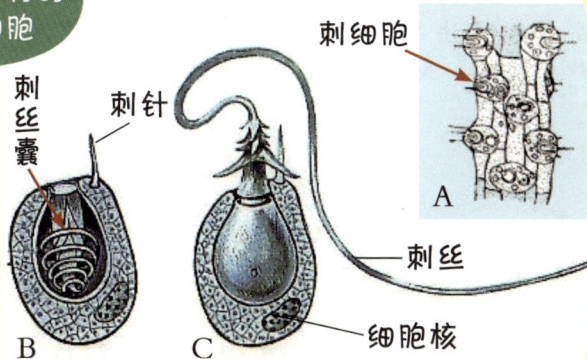

刺胞动物的刺细胞

刺丝囊
刺针
刺细胞
刺丝
细胞核

A 一段密布刺细胞的海葵触手
B 盘卷于刺丝囊内的刺丝
C 已发射的刺丝

刺细胞的刺丝并非总是伸展在细胞外，刺细胞内有一个刺丝囊，平时细长的刺丝盘卷于囊内。当刺细胞受到刺激触动刺针时，刺丝囊会从刺细胞中弹出，同时向外射出刺丝，用以缠绕、麻痹、毒杀猎物或天敌。

A

16. 刺胞动物吃什么为生？

A. 浮游植物

B. 水中的有机碎屑

C. 动物性食物

刺胞动物包括固着生存（以水螅为代表）及漂浮生存（如水母）两种类型，都是肉食性的动物，主要以浮游动物，小型甲壳类如虾、蟹、水蚤及小鱼等为食。它们的捕食方法是先施放刺丝缠绕、麻痹猎物，再用触手将猎获物送入口中。

C

17. 多种水母的刺丝囊内有毒液，棱皮龟吃有毒水母吗？

A. 棱皮龟不吃水母

B. 棱皮龟吃进水母会受伤害

C. 棱皮龟喜欢也能够吃水母

棱皮龟是少数喜欢吞食大型水母的海龟，它外壳坚硬，不怕螫刺，游速快，抓住水母毫不费事。捕到水母时它会闭眼进食，其口腔和食道布满带刺的乳突，可快速把水母送至胃肠，顺利消化吸收。棱皮龟的身体结构适于吃水母。

C

18. 海葵为什么被赞美为"海中之花"？（可多选）

A. 像植物一样固着生活
B. 身体颜色鲜艳如花
C. 触手伸展如同盛开的花朵

海葵像植物一样固着在海滨和海底岩石上生活，体色绚丽多彩。但让海葵得到"海中之花"美名的原因，主要还在于它们口部周围有绚丽如同花瓣的触手。触手的颜色和形状因海葵种类不同而不同。

A B C

像花瓣的海葵触手

19. 海葵触手最重要的功能是什么？

A. 摆动引诱猎物靠近
B. 捕捉猎物
C. 环绕保护口部

海葵是肉食性动物，虽然固着生活，身体不能移动，但它们展开长而柔软的触手，当小鱼、小虾、水蚤、蛤蚌幼虫等游近，触手上的众多刺丝胞就能发射"枪弹"，释放出有毒的刺丝，许多刺丝同时射中并麻醉猎物，海葵再用触手把猎物送入口中。

B

20.水螅身上出的"芽"是什么？

A. 微生物寄生
B. 污染造成畸形
C. 是它繁殖的幼体

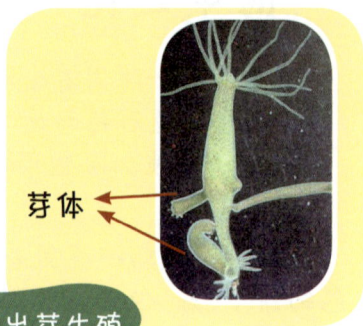

芽体

水螅出芽生殖

　　在食物充足的生境中生活的水螅，能经常以出芽方式进行无性繁殖。"芽"是水螅的幼体。每个"芽"最初附在母体上，随后成熟"芽"的"足盘"脱离母体，形成一个水螅新个体。若是营养丰富，水螅"出芽"很快，一个母体上可能同时生出6—7个"芽体"。

C

21.水螅只有"出芽"这一种生育方式吗？

A. 是的，只有这一种生育方式
B. 水螅还能进行有性繁殖
C. 水螅有性或无性繁殖都可以，无规律

　　水螅既能无性繁殖也能有性繁殖，生境条件良好时进行无性出芽生殖；有性繁殖通常一年两次，在早春和深秋水温较低、饵料量少时，即生态条件不利时会进行有性繁殖。水螅受精卵的生存能力很强，能耐受不利条件，并在适宜条件下发育为新个体。

B

22.哪种水母人们在餐桌上经常能吃到？

A. 海蜇水母
B. 僧帽水母
C. 桃花水母

海蜇水母

海蜇水母身体呈半球形，白色伞部的直径为45厘米至1米，伞下有8条口腕，下方有丝状触须，触须上密生能分泌毒液的刺丝胞。海蜇伞部叫海蜇皮，伞下部分叫海蜇头。捕捞海蜇后经适当加工处理，其毒性可迅速消失，海蜇皮和海蜇头都能食用。僧帽水母和桃花水母都不宜食用。

A

23. 哪一种水母曾经被认为是海洋中毒性最强的水母?

A. 狮鬃水母
B. 箱形水母
C. 幽灵水母

箱形水母及其超长触须

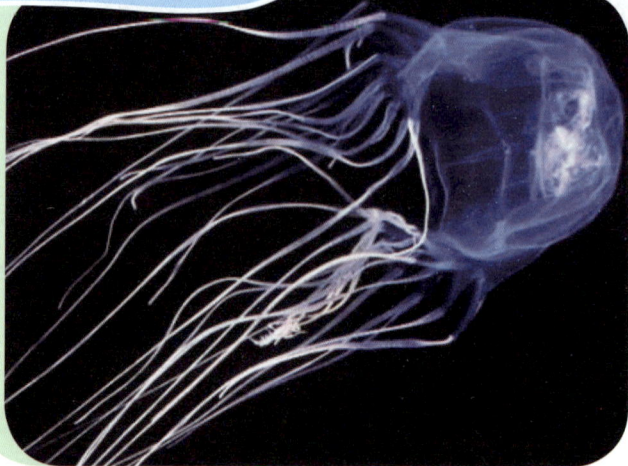

狮鬃水母和幽灵水母都有剧毒,别的海洋动物一旦遭其刺丝注入毒液,大多无法生还。不过,堪称"海中毒王"的是生活在澳大利亚海域的箱形水母。一旦有人被它触须上的大批刺丝刺中,严重者几分钟内就可能毒发身亡,它所释放的毒素迄今尚无有效解药。

B

24. 有剧毒的箱形水母的一根触须有多长？

A. 100 厘米长

B. 200 厘米长

C. 300 厘米长

箱形水母（又名海黄蜂）生活在澳大利亚海域，是一种身体呈淡蓝色的透明水母，伞部形状像个四方形箱子，有四个明显的侧面，每个面大约 20 厘米长，因此被称为箱形水母。这种水母每边具有 15 条长达 300 厘米的触须，每条触须上布满含有极强毒液的刺丝胞。

C

25. 除公认的"毒王"箱形水母外，世界上还有更毒的水母吗？

A. 尚未发现

B. 可能有，不知是何种水母

C. 科学家确认有几种更毒的水母

在澳大利亚海域，生活着一类（共 6 种）已知并确认名叫伊鲁坎吉的水母，具有比箱形水母更致命的毒性。当地土著部落流传的"隐形海妖"传说，实际上就是人类被此类大小只有 2—3 厘米的微小水母蜇刺，但因痛感轻微，未能及时就医而导致死亡。

C

26. 伊鲁坎吉水母体形极小，科学家如何发现了这个类别的6个物种？

A. 通过实地采捕得到6种的标本
B. 其中2种据实地采捕的标本确定
C. 全从受害者身上残留的刺细胞分析确定

伊鲁坎吉水母极小而且透明，在水中用肉眼几乎看不到，采捕难度很大。目前已发现的这一属共6种，其中发现活体的种类只有2种，其余4种是通过比对被蜇刺受害者身上残留的刺细胞确定的。

B

27. 海洋污染对水母的生存有什么影响？

A. 许多水母死亡
B. 水母种群繁盛
C. 无明显影响

水母生命力顽强，能耐受水污染和缺氧。水母大量出现的海域，不是环境改善而是环境恶化的表现。水污染伴随水体富营养化使得浮游生物大量繁殖，尸体腐败导致水体缺氧，鱼虾无法生存，而水母却繁盛起来。水母吃鱼卵、幼鱼、小鱼等，水母繁盛使得鱼类资源更难以恢复。

B

28. 水母在水里怎样向前游动？

A. 收缩和张开伞部边缘而游动
B. 靠海流推动而被动漂游
C. 用触手当作划桨而游动

水母游泳

水母通过收缩和张开伞部边缘改变内腔体积而游动。当内腔扩张时，水流被吸入体内，而当内腔迅速收缩时，则喷出腔内的水，向后喷射的水流给水母一股向前推进的力量。不过，水母并不擅长游泳，有时它们借助风、海浪或水流做省力的被动移动。

A

29. 珊瑚虫最引人注目的特征是什么？

A. 分泌外骨骼

B. 固着生活

C. 颜色鲜艳美丽

几种形态不同的珊瑚

海洋动物中固着生活或色彩艳丽的种类相当多。珊瑚虫最引人注目的特征是能够分泌钙质外骨骼，保护柔软的身体。珊瑚虫的水螅形身体很小，但常集合形成独特的大群体，珊瑚便是珊瑚虫死后的遗骨。不同种类珊瑚虫群体分泌的外骨骼，其形状、色彩都是独有的，有脑状、鹿角状、树枝状及笙管状等。

A

30. 为什么有些珊瑚虫的外骨骼是红色的?

A. 人为以染料上色
B. 海洋动物的血液浸染的
C. 珊瑚虫天然生成的

红珊瑚

多数珊瑚虫外骨骼主要成分为碳酸钙,洁白如雪。而色彩艳丽的红珊瑚,其外骨骼主要成分是含大量镁元素的碳酸钙,并吸收了海水中的红色物质。红珊瑚天然生成,天生丽质,可用于制作绚丽的装饰品,因而受人喜爱,特别名贵。

C

31. 珊瑚礁是由何种物质构成的?

A. 是珊瑚虫的骨骼构成的

B. 是腐烂海草堆积而来的

C. 是海草、贝壳和珊瑚骨骼集结而成

珊瑚礁是由珊瑚虫富含碳酸钙的骨骼构成的。珊瑚虫生活在热带海洋,多数种类群体生活。珊瑚虫死后,其软体腐烂,坚硬的石灰质骨骼会保存并积累下来,一代代新珊瑚虫会在此继续生长。经过数百至千万年的积累,最终形成了浩大的珊瑚礁。

28

A

32. 为什么温带海洋沿岸带都没有珊瑚礁?

A. 光照不适宜

B. 水温不适宜

C. 缺少足够的空间

在温带海洋沿岸带,虽然具有适宜造礁珊瑚虫生长的光照、海水以及场所等定居条件,但是珊瑚虫生活的区域要求全年水温保持在22℃—28℃,温带海洋冬季水温过低,限制了造礁珊瑚虫的生长,因此见不到珊瑚礁。只有在热带海洋沿岸带,珊瑚虫才能定居、繁殖,才会有珊瑚礁。

B

33. 全球最著名的珊瑚礁在哪里？

A. 澳大利亚大堡礁
B. 马尔代夫环礁
C. 安达曼群岛珊瑚礁

大堡礁

澳大利亚东海岸绵延 2000 千米的大堡礁，位居全球十大闻名珊瑚礁之冠，是独一无二的水上和水下最美自然景观。澳大利亚大堡礁动物群，包括 4000 多种软体动物、1500 多种鱼类，还有种类繁多的海绵、海葵、海洋蠕虫、甲壳类以及海龟、海蛇、海鸟、海兽等。

A

34. 人称"刀切不死"的涡虫再生能力有多强？（可多选）

A. 局部受损都能够再生
B. 横切为两段能再生为两条涡虫
C. 横切为 7 段都能再生为完整涡虫

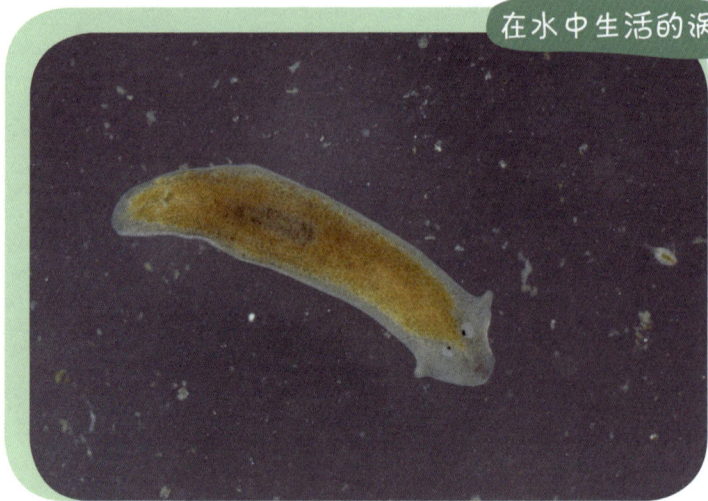

在水中生活的涡虫

　　涡虫再生能力极强，一只涡虫横切为两段或多段，每段都能再生成一只完整的涡虫，也就是说，无论头、尾或中间体段均能再生出大小、形状和功能如同原状的涡虫。这种再生能力，堪比孙悟空的脑袋被砍掉还能长出一个新脑袋。

A B C

35. 为什么许多科学家对涡虫再生研究特别感兴趣?

A. 实验饶有趣味
B. 为再生医学提供依据
C. 具有再生模式的生物十分稀有

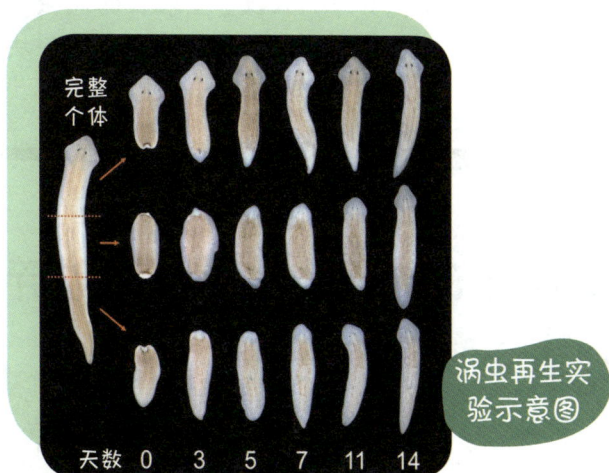

涡虫再生实验示意图

完整个体

天数　0　3　5　7　11　14

　　涡虫是结构简单低等的扁形动物,它的再生能力强大,而且再生机制简单快捷。科学家想通过研究涡虫弄明白哪些基因控制这种再生过程,以便促进人类再生医学的发展,期待有一天成功研究出类似涡虫再生的科学方法,能够重建人类由于外伤或疾病受损的器官。

B

36. 你赞同"涡虫永生"的说法吗?

A. 有实验为证，相信科学
B. 难以置信
C. 生物世界有生便有死

20世纪初，著名遗传学家摩尔根曾通过实验研究涡虫再生，无论把涡虫横切、纵切或斜切，所有切块都能再生并继续存活。随后，摩尔根又将一只仅2厘米长的涡虫切成279块，可谓"粉身碎骨"。令人难以置信的是，这些碎块最终都再生为279只涡虫。其再生能力之强，简直达到"永生"境界！

A

37. 生活在潮湿泥土石块下的笄蛭涡虫吃什么?

笄蛭涡虫

A. 吃土中的腐叶烂根
B. 吃苔藓、地衣
C. 捕食蚯蚓、蛞蝓、蜗牛等动物

笄蛭涡虫也称"天蛇"，体长20多厘米，头部呈扇状，如同古代女子用来插在发髻上的簪子，即"笄"。这种涡虫生性凶猛，能捕食蜗牛、蛞蝓、蚯蚓等。它的口长在身体腹面后端近1/3处，口内有个管状咽，可伸出口外进行捕食，咽吸住猎物后，肠道即分泌消化液将猎物溶为浆液，再吸入肠内消化吸收。

C

38.为什么大雨过后许多蚯蚓纷纷 爬出地面？

A. 因为蚯蚓要到地面喝水
B. 蚯蚓逃离被水淹的地下通道
C. 蚯蚓喜欢地面的小水坑

一种蚯蚓

　　大雨或暴雨过后，蚯蚓生活的地下通道灌了水，由于蚯蚓没有鳃，不能呼吸水中的溶解氧，如果待在灌满水的通道下面，就会窒息而死。因此，大雨过后蚯蚓为了求生而纷纷钻出地下通道，到地面上来呼吸空气。

B

39. 蚯蚓依靠身体的哪个器官呼吸?

A. 体壁
B. 构造简单的肺
C. 气管

蚯蚓没有肺,也没有气管,要依靠能够分泌黏液、始终保持湿润的体壁进行呼吸。蚯蚓体壁上密布毛细血管,空气中的氧气先溶解在体表的黏液里,然后渗进体壁,再进入体壁的毛细血管中,体内的二氧化碳等废气也经由体壁的毛细血管排出体外。

A

40. 蚯蚓在什么地方产卵?

A. 在松软的沙坑里产卵
B. 在自己的粪便里产卵
C. 产在深层土壤孔隙中

蚯蚓在自己的粪便里产卵。蚯蚓粪便混合着周围的腐根烂叶及泥土,成为孵化后的蚯蚓幼体可口的食物。蚯蚓排出的粪便和土壤一起形成腐殖质,腐殖质是最好的有机肥料。土壤中有机质含量高的地方,蚯蚓就多,而蚯蚓多的地方,土壤会变得肥沃。

B

41. 一条蚯蚓被切成两段后能再生为两条蚯蚓吗?

A. 两段都死去，不能再生
B. 两段都能再生为完整的蚯蚓
C. 只有一段能再生为完整的蚯蚓

蚯蚓再生实验示意图

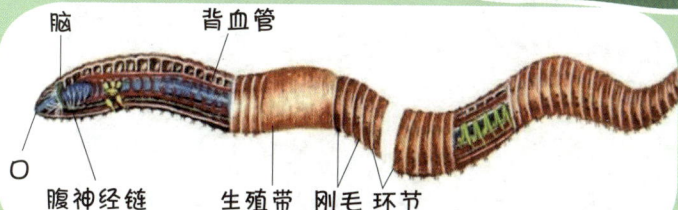

脑　背血管

腹神经链　生殖带　刚毛　环节

蚯蚓具有很强的再生能力，过去许多人认为，一条蚯蚓被人从中间切为两段后能再生为两条完整的蚯蚓，但这是错误的。近年科学家通过实验证明：被切为两段的蚯蚓，只有包含脑神经结的一段能够存活，并在适宜条件下再生为一条完整的蚯蚓，而另一段则不能再生。

C

42. 达尔文认为哪种动物为地球上最有价值的动物？

A. 蚯蚓
B. 蜜蜂
C. 海参

无价之宝的蚯蚓

达尔文在其著作中指出，蚯蚓作为不起眼的低等动物，依靠无法计数的巨大数量，通过不断地吞食泥土，对土壤的形成和改良、地貌的改变与塑造产生了巨大的作用，从而影响人类社会的生产生活。因此，他认为**蚯蚓是地球上最有价值的动物**。

A

43.博比特虫是一种什么动物?

A. 一种剧毒的海蛇
B. 一种海洋昆虫的幼虫
C. 一种海洋环节动物

博比特虫头部

博比特虫并非海蛇或昆虫幼虫,其身体有很多环节,属于环节动物门海洋穴居蠕虫。它色彩鲜艳,身披彩虹,成体平均身长1米,个别长达3米,头部具有极其锋利、攻击性很强的口器。凶猛的多毛类博比特虫与温和柔弱的寡毛类蚯蚓是环节动物表亲。

C

44. 博比特虫为什么被称为"海底死神"?

A. 它善于毒死猎物

B. 它能快速追杀猎物

C. 它隐藏在海底泥沙中伺机捕食

博比特虫平时把身体埋藏在海底泥沙里,仅有头部伸出沙外,虽无眼无脑,却有 5 根灵敏的触须,探测到猎物游近后,它瞬间翻出捕食利器——咽头,张开锋利的一对大颚,以闪电般的速度夹住或斩杀猎物后,将其拖入洞穴享用。尽管此虫采用的是"守株待兔"式的捕猎方式,然而其猎杀时迅猛凶残,堪称"海底死神"。

C

博比特虫捕获一条鱼

45. 善于隐藏自己又凶猛异常的博比特虫有天敌吗?

A. 当然有

B. 几乎没有天敌

C. 从未有关于其天敌的报道

由于博比特虫藏身海底及"守株待兔"式瞬间捕食的特殊生态,很难见到天敌捕杀它的场景。然而任何动物都有天敌,博比特虫也不例外,一些比它更凶猛的大鱼或海兽是其克星,也有章鱼反杀该虫的报道。人类更是博比特虫无法抵御的对手。

A

46. 哪类无脊椎动物是在淡水中生活的"吸血鬼"?

A. 三角涡虫
B. 摇蚊幼虫
C. 水蛭

水蛭
(蚂蟥)

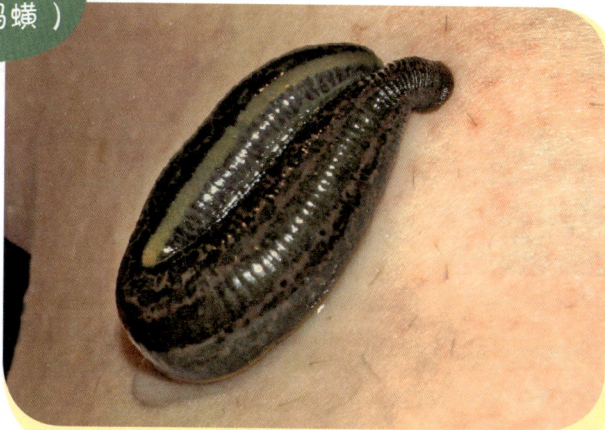

　　三角涡虫和摇蚊幼虫身上无吸血生理结构,都不吸血。只有生活在淡水河、湖或稻田中的水蛭(蚂蟥)是善于吸血的体外寄生虫,其身体前端有个口吸盘,是水蛭自备的吸血"利器"。水蛭后端还有一个后吸盘。

C

47.水蛭靠什么钻入人体或动物体内吸血？

A. 靠吸盘的力量
B. 找到寄主皮肤破损处
C. 利用口中的颚片

颚片

口

水蛭及其口中的颚片

　　水蛭是古老动物，身体长有适应吸血生存的吸盘，其口很大，口中进化出特有的3片带锯齿的颚片。当水蛭的吸盘吸附在寄主身上时，就以锐利的颚片割开寄主的皮肤，钻进寄主的血管吸血。

C

48. 水蛭怎么能顺利从寄主身上吸足鲜血？

A. 钻入寄主血管深处
B. 用口部不停地吮吸
C. 靠分泌抗凝血剂——水蛭素

水蛭以吸盘紧紧吸附在寄主身上，口内锐利的锯齿状颚片帮它钻进寄主的皮肤和血管，而能够长时间顺利地将寄主血管里的鲜血不断地吸入体内，主要因为水蛭吸血时，其唾液腺能分泌抗凝血剂——水蛭素，所以水蛭能够从寄主血管顺利地吸饱血液。

C

49. 水蛭饱吸一顿鲜血后能耐饿多长时间？

A. 7 天
B. 7 周
C. 超过 7 个月

水蛭生命力极其顽强，饱吸一顿鲜血后，能够维持体能超过半年。有时水蛭生活的水域干涸无水，它们也能潜入泥底穴居，即使因长期挨饿而损失 40% 的体重仍能继续生存。等到生境条件好转时，水蛭饱吸一顿后，身体即可恢复正常。如此顽强的生命力，是一般动物达不到的。

C

50. 为什么有些科学家认为水蛭是半寄生动物？（可多选）

A. 水蛭生境中有时没有可寄生对象
B. 水蛭有时会自由捕食
C. 水蛭也会取食水中腐尸或水底腐殖质

大多数水蛭除吸取人类、牲畜等的血液过寄生生活，有时也吸食水中或水底的小动物、腐尸或腐殖质。有的水蛭类幼年时自由捕食，成年后转为吸血。因此，有些学者认为水蛭的生活方式是半寄生式。

B C

51. 在淡水中生活的水蛭（蚂蟥）的天敌都是肉食性鱼类吗？

A. 是的
B. 不是
C. 不确定

淡水水蛭生活在水田、河流、稻田、湖沼、沟渠等处，具体栖息场所包括石块较多的池底、池边水草和藻类丰富之地，利于其固着、活动和取食，同时利于隐蔽。水蛭会爬到岸边活动，因此其天敌除鱼类外，还有田鼠、蛙类、黄鼠狼、蛇等。

B

52.医蛭是指哪种动物？

A. 医蛭就是水蛭
B. 指能够用来给人治病的水蛭
C. 指人工养殖用作滋补品的水蛭

日本医蛭

医蛭不是指一般水蛭或干制做药用的水蛭，是指能够用于治疗人类疾病的医用水蛭。在整形外科及器官再植或移植手术后，医生应用活医蛭的吸血特性，为患者进行无创吸血，帮助患者消除血管瘀血，可提高手术成功率。中外医学界都有应用医蛭治病的传统。

B

53. 双壳类软体动物又称贝类，其中哪种是当今地球上的"贝类之王"？

A. 大牡蛎
B. 巨扇贝
C. 大砗磲

世界上最大的贝类——大砗磲

　　双壳类软体动物大砗磲贝，是生活在海洋中最大的贝类。世界上共有9种砗磲，其中大砗磲的体形最大。据报道，最大个体的一片贝壳直径长达1.8米，大如澡盆；双壳重量达500千克，两个成年人都抬不动。

C

54. 哪种贝类是海洋无脊椎动物中的老寿星？

A. 魁蚶

B. 鸟贝

C. 大砗磲

大砗磲不仅是双壳贝类之王，也是海洋生物中的老寿星。和大多数动物一样，幼年期的大砗磲生长快，每年贝壳约增长 5 厘米，以后生长速度逐渐减缓。壳长 50 厘米的大砗磲需要 12 年才能长成，寿命一般有100 多年，少数个体甚至有活数百年的。

C

55. 何种环境因素促使大砗磲的贝壳进化得坚硬厚重？

A. 避免天敌吞食

B. 抵御热带风暴

C. 占领海底地盘

大砗磲生活在热带珊瑚礁海域中，那里生物繁盛，食物丰富，适宜生存及繁衍。但热带海域常爆发强风暴，强劲的风力和暴风雨破坏力巨大。大砗磲外壳演化得厚重坚硬，才能抵御热带风暴，抵御海浪的拍击，保障物种的生存。

B

56. "砗磲"之名最早见于中国哪个朝代？

A. 最早见于东汉史书
B. 最早见于明朝文献
C. 最早见于清朝初期记载

据史料记载，"砗磲"之名最早见于 2000 年前东汉时期的史书。由于其外壳上有放射状深沟槽，好像古代的车辙，因此得名"车渠"，后人见其坚硬如石，便加"石"字旁，成为"砗磲"。由于古人很早就知道利用它制造宝石，"砗磲"大名得以传扬至今。

A

57. 大砗磲生长迅速，有何奥秘？

A. 有小鱼虾不断游入其贝壳
B. 珊瑚礁水域营养丰富
C. 与海藻共生

46

大砗磲通常以浮游生物为食，此外，还得到生活在它的外套腔内单细胞自养海藻——虫黄藻的助益。大砗磲外套膜边缘有玻璃体结构，能聚合光线促使虫黄藻进行光合作用，合成自身所需营养物质，同时为大砗磲提供部分营养。大砗磲和虫黄藻互惠共生。

C

58.大砗磲贝壳粗糙,何以被誉为"四大有机宝石"之一?

A. 贝壳含大量有机物成分
B. 贝壳厚实可以雕刻
C. 贝壳天然珍珠层晶莹如玉

大砗磲的厚珍珠层

四大有机宝石

珍珠　　琥珀

砗磲珠　珊瑚制品

　　大砗磲虽然外壳粗糙,但贝壳里面有十多厘米厚的珍珠层,坚硬如石,晶莹如玉,绚丽多彩,有孔雀蓝、粉红、翠绿、棕红等鲜艳的颜色及花纹,可加工成各种高级工艺品。因此,大砗磲制品与珍珠、珊瑚、琥珀一起被誉为"四大有机宝石"。

C

59.扇贝会游泳吗，怎样游泳？

A. 扇贝不会游泳
B. 能靠双壳的开合游动
C. 靠外套膜的张缩游泳

扇贝

　　大多数双壳贝类是不游泳的，扇贝以足丝附着在岩石或海底沙砾上生活，平时也不移动。但当它们感到环境不适时，足丝会自动脱落，靠双壳迅速开合排水，借水流的反作用力推动身体前进。遇到危险时，扇贝能够闪电般快速关闭双壳，使身体高速射出，从而逃离险境。

B

60. 鸟蛤的名字好奇怪，它会飞跃吗？

A. 它会飞跃

B. 它不会飞跃

C. 名字来源不明

足部发达的鸟蛤

鸟蛤是大型的双壳贝类，足部肌肉特别发达，通常栖息于水底泥沙中，能时常用足从海底跃起运动，故名"鸟蛤"，俗称"鸟贝"。鸟蛤多为暖水性种类，生长速度很快，只要养殖1年，壳长即可达到7厘米。

A

61. 为什么贻贝（海红）能够密密麻麻地生长在一起？

A. 因为贻贝生命力强
B. 因为贻贝的食物随处可得
C. 因为贻贝是以足丝固着生活的

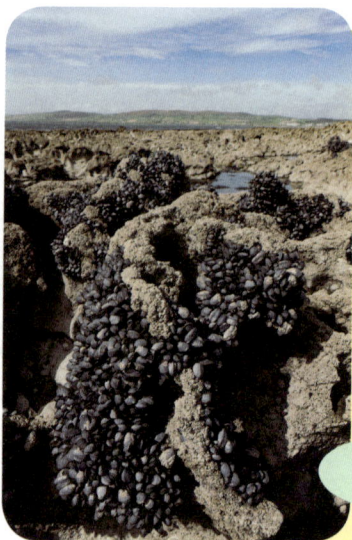

堆叠生长的贻贝

　　选项 A 和 B 都有道理，但 C 是贻贝密集生长的主要条件。在 1 平方米的岩石海滩上能生活多达 2000 个成体贻贝，它们以足丝固着在岩石上，它们之间又可相互固着，层层叠叠、密集地生长在一起。由于足丝要由足部伸出壳外，因此，贻贝双壳边缘留有缝隙，双壳关闭起来不像其他种类蛤蜊那样紧密。

C

62. 一个母贻贝在一个生殖季能生产多少后代？

A. 超过 1000 万个
B. 大约 100 万个
C. 1 万个左右

成年的雌性贻贝生殖腺肥大，生殖细胞充满整个外套膜，每粒卵却非常小，因此，每个母贻贝在一个生殖季能产出大约 1200 万粒卵，也就是一千多万个后代。因此，市场上的贻贝海鲜才会物美价廉，好吃不贵。

A

63. 为什么有的地方人们想方设法清除贻贝？

A. 外壳呈棕黑色，不讨人喜欢
B. 过度繁殖，堵塞管道
C. 产量过多，不易保鲜

鲜贻贝不易保存，但可大批加工为干制品"淡菜"，是驰名中外的海产食品之一。沿海的工厂或养殖场常铺设通海管道引用海水，贻贝幼虫会随海水进入管道，并能快速固着在管壁上生长，层层聚生，很快便堵塞管道，因此，人们会想方设法清除引水管道中的贻贝。

B

64.能毁坏木船的船蛆是一种什么动物？

A. 属于双壳贝类
B. 属于海洋蠕虫
C. 属于钉螺类

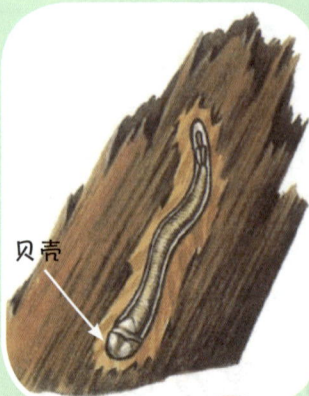

贝壳

船蛆

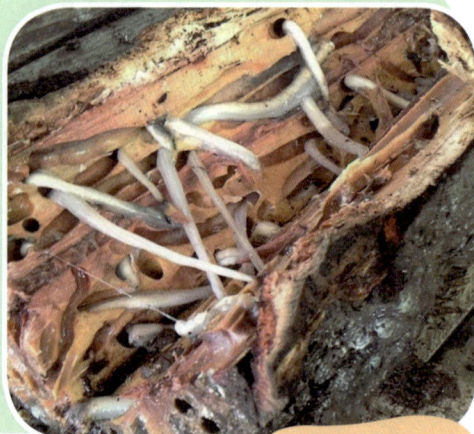

船蛆钻噬木料的情景

船蛆又名凿船贝，模样像一种蠕虫，它头端的两片细小贝壳，表明它属于双壳贝类，是海生软体动物中的特种寄生贝类。它的两片贝壳虽小，但靠着发达的肌肉的伸缩能不断旋转，凿穿并钻进木材里，在木料中吃住、成长，破坏木船和码头的木质建筑。

A

65.船蛆靠什么消化它钻蚀的木料？

A. 靠胃内的消化液
B. 靠口腔的唾液
C. 靠共生细菌分泌的酶

木料主要成分是纤维素，虽含有丰富营养，但所有海洋动物包括船蛆，体内均缺少消化纤维素的酶，都不能以吃木料为生。船蛆能吃掉并消化木屑，靠的是它鳃中的共生细菌，细菌分泌的纤维素酶，帮助船蛆拥有消化木材的非凡本领。

C

66.乌贼和章鱼最明显的区别是什么？

A. 身体的色泽、花纹不同
B. 足腕数目不同
C. 体形大小不同

乌贼和章鱼属于头足类不同种属，两者的头部形状、身体的色泽、花纹都有不同，体形大小因种而异。它们最明显的区别在于，乌贼头部有10条两侧对称排列的足腕，而章鱼头部只有8条细长又灵敏的足腕。渔民称章鱼为"八爪鱼"或"八带鮹"。

B

67.乌贼和章鱼属于哪一类动物？

A. 属于古老鱼类
B. 属于节肢动物甲壳类
C. 属于软体动物头足类

章鱼

乌贼

　　乌贼和章鱼都不属于鱼类或甲壳类，它们的外形进化得很奇特，但它们与双壳贝类（如蛤蜊）以及仅有一螺旋外壳的螺类同属于软体动物。乌贼和章鱼的祖先的足一部分演变成腕，称为足腕，位于头部口周围。因此，乌贼和章鱼都属于软体动物"头足类"。

C

68.章鱼和乌贼怎样快速运动?

    A.利用足腕划水游动
    B.靠足腕上的吸盘迅速爬行
    C.靠漏斗喷水推动身体运动

头足类动物的头部腹面都有个可转动的"漏斗",这是它们重要的运动器官。当其身体紧缩时,高压使其体内水分急速从漏斗口喷出,借助水的反作用力推动身体飞速运动。由于漏斗口常朝前,所以其运动方向一般向后退行。这一特殊构造使头足类动物具有"火箭"般快速游泳的能力。

C

乌贼头部的漏斗

69.为什么乌贼及章鱼会喷出墨汁?

    A.遭遇强敌,掩护逃遁
    B.迷晕猎物,利于捕猎
    C.随机喷墨,没有原因

乌贼和章鱼体内都有墨腺及墨囊,墨腺分泌浓黑的墨汁贮于墨囊内,当其遇到强敌而惊恐逃遁时,便会将贮存的墨汁通过漏斗口喷射出来,遮挡敌人的视线,它则乘机逃之夭夭。喷墨是章鱼和乌贼的防御手段。

A

70.世界上有能在陆地上爬行的章鱼吗?

A. 没有任何章鱼能在陆地上爬行
B. 有几种章鱼能在陆地上爬行
C. 已知有一种章鱼能在陆地上爬行

刺断腕蛸

刺断腕蛸在陆地上爬行

据报道,已知的唯一一种能在陆地上爬行的章鱼,是生活在澳大利亚北部的刺断腕蛸,它进化出与众不同的行为生态,能在低潮时直接爬上岸,利用足腕上数百个小吸盘拖动身体,在礁石和陆地上爬行,并寻找螃蟹充饥。这种章鱼因此成为人类眼中的奇幻生物。

C

71.哪种无脊椎动物能一瞬间改变体色？

A. 章鱼　　B. 石斑鱼　　C. 比目鱼

章鱼变色拟态海蛇

　　章鱼是变色速度最快的动物，能瞬间变换体色，以适应环境，逃避敌害。这种魔术般的变色本领由皮肤里聚集的数百万个多种色素细胞决定，这些细胞能迅速扩大或缩小，使皮肤颜色随之变化。控制章鱼变色的身体系统是眼和大脑。章鱼在产生惊恐、激动等情绪变化时就会改变体色。

A

72.乌贼的眼睛结构与哪类动物的最接近?

A. 蝇眼

B. 人眼

C. 蜘蛛眼

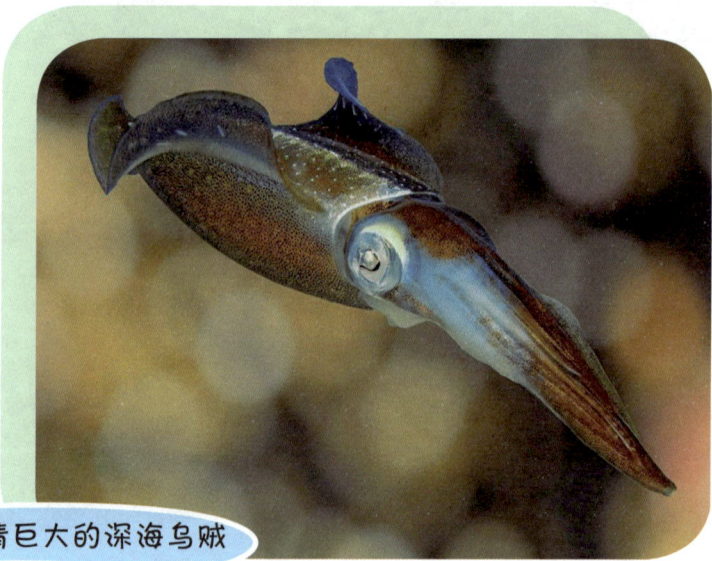

眼睛巨大的深海乌贼

　　乌贼的感觉器官中，眼睛最发达，接近脊椎动物的眼睛，不但很大，构造也很复杂：前面有角膜，周围有巩膜，里面有视网膜，还具有一个能与脊椎动物眼睛相媲美的发达的晶状体。乌贼常把眼睁得圆鼓鼓的，一动也不动。

B

73. 为什么人类把大王乌贼当作"神秘怪兽"？

A. 体形超大，战斗力超强
B. 生活在海洋深水带，难见其真容
C. 缺少完整样本，传说离奇夸大

大王乌贼雕塑

目前，科学界已知大王乌贼是体形超大的巨型乌贼，也是世界上最大的无脊椎动物。但自 18 世纪首次发现它以来，很长一段时间由于完整样本稀少，以致科学界和民众对这类幽居深海的"巨兽"的生活状况难以了解，各种传说和猜测更强化了大王乌贼的神秘感。

B

74.章鱼最诡异和迷人的行为是什么？

A. 喷墨、变色、伪装
B. 超高智商及记忆力
C. 表现出个性及情绪

用螺壳伪装避敌

　　喷墨、变色、伪装以及个性表现等，是章鱼天生的令人惊叹的特殊生态，不过最令人感到诡异和迷人的是章鱼的智商和记忆力。实验证明，章鱼能够拧开瓶盖、走出迷宫、使用工具，还是"逃脱大师"。而且章鱼自幼独立生活，它们所有的生存技能都是后天习得的。章鱼具有相当于人类2—4岁儿童的智商。

75. 为什么2007年捕获的"大王酸浆鱿"轰动全世界？（可多选）

A. 它是人类首次捕获的完好样本
B. 它也是一种巨型深海乌贼
C. 它的足腕上有成排5厘米长的钩爪

大王酸浆鱿

大王酸浆鱿

钩爪

大王酸浆鱿又名巨枪乌贼，2007年新西兰船员在南极罗斯海捕获到的雌性未成年个体，身长10米，眼睛大，嘴也很大，游泳鳍发达。它的足腕上具有锐利且能360°旋转的钩爪，这是大王酸浆鱿御敌和捕猎的超级利器。硕大、奇特、凶猛的特征使得这种"巨兽"轰动世界。

A B C

76. 大王乌贼遭遇抹香鲸时，谁更厉害，为什么？

A. 双方打个平手
B. 大王乌贼占上风
C. 抹香鲸会吃掉大王乌贼

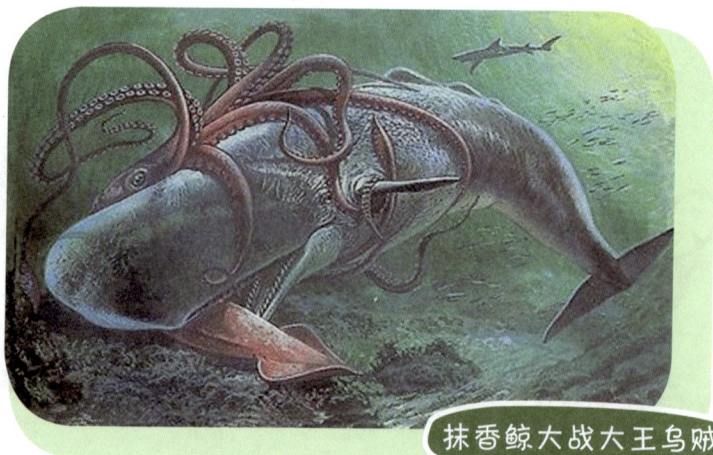

抹香鲸大战大王乌贼

　　大王乌贼凭借发达的眼睛、强有力的足腕及变色隐形的能力，成为深海中恐怖的"幽灵"。而抹香鲸体长可达 18 米，体重超 50 吨，是体形最大的齿鲸，也是潜水最深的海中顶级霸主，能在深海水域以声呐找到大型乌贼、章鱼为食，即使身长十几米的大王乌贼也会沦为抹香鲸的美食。

C

77. 鹦鹉螺属于软体动物中的螺类吗?

A. 是软体动物中生活于海洋的螺类
B. 是软体动物中陆生蜗牛的近亲
C. 是软体动物中头足类乌贼的近亲

鹦鹉螺不是螺类,它的头部、足部都很发达,头部构造类似乌贼,口的周围和头部前缘两侧生有足腕和许多触手,具有头足类的基本特征。鹦鹉螺外壳的形状及构造完全不同于普通的螺壳,足腕上也没有乌贼所具有的吸盘,说明鹦鹉螺是古老的原始头足类动物。

C

古老的头足类动物——鹦鹉螺

鹦鹉螺外壳的内部结构

78. 为什么说鹦鹉螺是活化石?

A. 它们的外观奇异
B. 它们游动能力强
C. 形态构造与 2 亿年前的祖先相似

化石可以证明,鹦鹉螺从三叠纪晚期(距今约 2 亿年)就出现在地球上的海洋里,与它同类的鱿鱼、乌贼等在进化过程中身体发生了很大的变化,保护身体的外壳转变为支持身体的内骨骼(海螵蛸),唯独鹦鹉螺依然保存着祖先的模样及外壳,所以说它是现存软体动物中最古老的活化石物种。

C

79. 鼠妇是一类什么样的动物?

A. 属于无翅昆虫类
B. 是一类环节动物
C. 是陆地生活的甲壳类

鼠妇的不同虫态

　　鼠妇不是昆虫,也不是环节动物,它和水里生活的虾、蟹等同属于节肢动物甲壳类,但它们却是陆生动物。它们喜欢栖息在潮湿阴暗的地方,因此又被叫作"潮虫"。鼠妇的身体呈椭圆或长椭圆形,头部小,眼睛发达,受到干扰时身体会蜷曲成球,因此又叫"团子虫"。

C

80. 为什么鼠妇通常出现在潮湿的环境中？

A. 出于安全的需要
B. 出于食物的需要
C. 出于呼吸的需要

鼠妇（潮虫）的呼吸器官和虾、蟹类似，也是用鳃呼吸。鼠妇的鳃长在腹部第1、2对足上，必须经常保持湿润，才能顺利地进行呼吸作用。因此，虽然鼠妇是在陆地生活的动物，但通常生活在海岸、水滨或朽木、腐叶、石块下，以及居民的庭院、花圃、茅棚等潮湿阴暗的地方。

C

81. 鼠妇能在水中生活吗？

A. 可以生活，只是不能游泳
B. 能在水中生活，但不能繁殖
C. 不能在水中生活

鼠妇群栖于潮湿生境

陆地生活的鼠妇进化出可以利用空气中的氧气的特化的"鳃"。鼠妇的鳃的构造不像鱼类等水生动物的鳃，其不能呼吸和利用溶解在水中的氧气，只能呼吸和利用空气中的氧气。鼠妇的身体结构和生活习性都不适合在水中生存。

C

82. 螃蟹如何行走？

A. 螃蟹总是横着走
B. 螃蟹不能直着走
C. 螃蟹既能横着走，也能直着走

横着走的螃蟹

平常见到的大多数种类的螃蟹总是横着走，这和它们的身体结构有关。螃蟹是十足类甲壳动物，身体横宽扁平，有硬壳包着，10条腿都由7节组成，关节只能上下活动，横着走可更快行进，并且减少能量消耗。其实螃蟹也能直着走，只是效率低。

C

83. 所有种类的螃蟹都习惯横着走吗？

A. 是的，所有螃蟹都横着走
B. 横着走与直着走的螃蟹各占一半
C. 少数种类螃蟹直着走

直着走的和尚蟹

螃蟹横着走还是直着走与它们身体的形态结构有关，多数种类的螃蟹身体扁平横宽，10条腿较长，横着走更迅速而省劲，还能更灵敏地依据磁场来辨别方位。相反，有些小型螃蟹身体细长，宽度不超过2厘米，背甲也小而圆，外观像和尚头，被称为"和尚蟹"。和尚蟹的身体构造就适于直着走。

C

84. 寄居蟹为什么喜欢海葵生活在自己的螺壳上？

A. 寄居蟹利用海葵的色彩装饰自己
B. 互助互惠，双方都有好处
C. 寄居蟹避免被海葵吃掉

寄居蟹与海葵

海葵身上有许多有毒的刺丝胞，能够保护没有防卫能力的寄居蟹；反过来，海葵能随寄居蟹的爬动转移到食物丰富、氧气充足的地方，寄居蟹吃剩的食物残渣，对于海葵来说就是美味佳肴。因此，它们双方互惠互利。

B

85.什么样的境况对寄居蟹来说最危险？

A.和另一只寄居蟹相遇时
B.寻找食物时
C.迁居另一空螺壳时

寄居蟹外号"白住房"，专靠选择适合其大小的空螺壳居住，平时带着螺壳爬行，寻找食物，一有情况身体立即缩入螺壳内。寄居蟹腹部只有一层柔软的皮肤包裹，当它的身体长大需要更换螺壳时，光裸的腹部会暴露在天敌面前，这是寄居蟹生活中最危险的时刻。

C

86.体形巨大的"大王具足虫"为何到1879年才被发现？（可多选）

A.因为它们生活在黑暗的深海中
B.受当时"深海无生命论"的影响
C.当时缺少先进的捕捞工具和方法

大王具足虫的发现要归功于法国动物学家米奈·爱德华，他在墨西哥湾捕获一只雄性幼体，据此标本，他于1879年首次描述并定名这个新物种。由于那时多数人认同科学家的错误论断，以为深海不可能存在生命，以致这个惊人的发现震撼了科学界和社会大众，由此开启了探索深海生命的新纪元。

A B C

69

87."大王具足虫"是一种什么样的动物?

A. 超大型甲壳动物
B. "巨无霸"海洋昆虫
C. 外星生物

大王具足虫

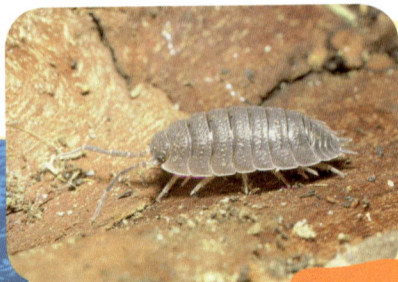
鼠妇

"大王具足虫"看起来像外星生物,但它当然不是;它的名字带个"虫"字,可它根本不属于昆虫家族。其体长 19—37 厘米,像一只小狗那么大,从头到尾都有甲壳保护,毫无疑问,它就是一种大型甲壳动物。它和体长仅 1 厘米左右、在陆地上生活的鼠妇同属于甲壳纲等足目,算是表亲。

A

88. 大王具足虫是什么模样的?

A. 完全不像等足目的表亲鼠妇
B. 身体的形态构造近似鼠妇
C. 适应深海无光的生境, 眼睛退化

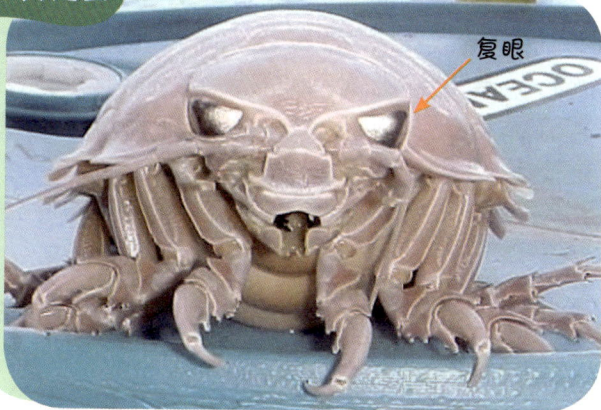

大王具足虫

复眼

大王具足虫具有 2 对触角、7 对胸足, 其鳞片状外骨骼形成甲壳, 形态类似鼠妇, 因其体型超大, 又被称为巨型深海大虱。因其生活在海洋深水带弱光区, 适于利用微弱的光照捕食, 进化出 1 对每只眼由 4000 个小眼组成的巨大复眼, 使它看起来更像外星生物。

B

89. 大王具足虫生活在何种生境中？

A. 浅海石质海底
B. 珊瑚礁丛中
C. 深水泥质海底

大多数大王具足虫都生活在墨西哥湾、印度海域和澳大利亚东岸的深海里，栖息在365—730米深水地带的淤泥或沉积的黏土层中，那里终年阴暗、水压很高，水温可能低至4℃，食物匮乏，一般动物无法生存，而大王具足虫却能在如此严苛的生境中生长和繁育。

C

90. 在食物严重匮乏的深海，大王具足虫吃什么？（可多选）

A. 吃海洋上层沉降下来的腐尸烂肉
B. 捕食少数在深海中生活的动物
C. 吃深海原生动物

在寒冷阴暗的深海中生活，大王具足虫演化成为地道的肉食性动物，以食腐为主，主要靠捡拾死亡的鲸鱼、乌贼、章鱼和其他鱼类等的腐尸烂肉充饥，也食用海洋上层沉降下来的食物碎屑，偶尔捕食一些行动缓慢的小动物，如海参、海绵、线虫等。

A B

91. 当食物稀缺时大王具足虫会怎样？

A. 大部分会饿死
B. 会互相残杀
C. 能长时间忍受饥饿并生存

由于长期适应深海生活，当食物富足时，大王具足虫会尽量多吃，而当食物稀缺时，它们会运用进化出的低功耗应对策略，长达数月甚至几年忍受饥饿，直到获得下一餐。也就是说，饥饿状态下它们的新陈代谢水平会降得极低，处于休眠状态。选项 A、B 两种情况未发生过。

C

92. 大王具足虫和小鲨鱼比拼，结果会怎样？

A. 不分胜负，各奔东西
B. 鲨鱼更厉害
C. 大王具足虫完胜

有科学家实际测试并观察，大王具足虫与小鲨鱼对决时，只见"大虫"毫无惧色，立即上前紧紧咬住小鲨鱼的尾巴，无论小鲨鱼怎样挣扎，大王具足虫也不松口，最终小鲨鱼会被当作美食吃掉，可见大王具足虫的捕食能力之强。

C

93. 为什么严苛生境中的大王具足虫会长成大块头？

A. 环境温度低，生长期长
B. 代谢水平低，寿命长
C. 尚属未解之谜

自 1879 年法国动物学家米奈·爱德华首次描述"大王具足虫"以来，在大西洋、印度洋等地的深水区域及深海带，相继发现这种深海甲壳动物，以致科学家估计，在冰冷的洋底可能生活着很多大王具足虫。它们为何会生长得这么大，其原因等待着人类继续探索！

C

94. 凭什么断定 1.6 亿年前大王具足虫就已出现在海洋中？

A. 凭它有一副外星生物的长相
B. 依据动物系统演化时期推测
C. 依据已发现的化石的年代判断

依靠化石判断生物出现在地球的年代，是科学准确的方法。化石证明早在 1.6 亿年前，大王具足虫就已经出现在地球海洋中，一直生存繁衍至今，而它们的外形结构几乎没有发生大的改变，因此人们称其为"深海中的活化石"。

C

95. 世界上哪一类动物的腿足最多?

A. 蜈蚣
B. 蚰蜒
C. 马陆

　　以上三类都是多节肢动物。蜈蚣身体由22个体节组成。蚰蜒全身有15个体节，每节有1对足。马陆身体的节数因种而异，但都比蜈蚣、蚰蜒的体节多，而且自第5节开始，每节各有2对步足。**马陆的腿特别多，又称千足虫。**

C

96. 马陆一出生所有的腿都已经长全了吗?

A. 刚出生的马陆无腿
B. 幼马陆腿少，长大后腿数增多
C. 马陆一出生所有的腿已经长全

　　马陆并不是一出生所有的腿都已经长全。因为幼虫身体短，体节尚少，腿数也少。随着它一次次长大蜕皮，体节逐渐增多，腿的数目也随之增加。不同种类马陆的体长及足数都有差别。除其前面4个体节外，马陆成体每个体节都有2对步足。

B

97. 马陆又叫千足虫，它们真有 1000 条腿吗？

A. 多数种类不超过 200 条腿
B. 过去已知最多有 750 条腿
C. 人类还在寻找具有千条腿的马陆新种

马陆（千足虫）

普通的"千足虫"并不是真的有 1000 条腿，其名称只是形容腿多而已。温带一只体长约 10 厘米的千足虫，约有 100 对也即 200 条腿，即使生活在热带雨林体长接近 30 厘米的大型千足虫，腿数也不超过 600 条。过去已知腿数多达 750 条的"千足虫"发现于北美洲。

B

98. 近年科学家发现真有 1000 条腿的马陆了吗?

A. 迄今发现的千足虫腿数最多 750 条
B. 近年发现真有超过 1000 条腿的千足虫
C. 没有新发现

新发现的真正的千足虫

2020 年,在澳大利亚一处矿区的勘探钻孔中,科学家发现生活在地下土壤深处的新物种,通过基因检测得知,其中最长的一条竟然是一只新种马陆的雌虫,其身体细长如线,体长 9.5 厘米,体宽仅 0.1 厘米,全身共 330 个体节,每节上有 4 条腿,全身多达 1306 条腿,是极为难得的、真正的千足虫。

B

99.马陆受到威胁时怎么办?

A. 连忙逃走

B. 身体蜷曲,分泌恶臭气味

C. 咬噬攻击对方

蜷成圆盘状
的马陆

马陆行动缓慢,受惊或遇到危险时,既不会逃走,也不会咬噬攻击对方,而是蜷曲身体,头卷在最里面获得保护。同时,马陆能分泌极其难闻的有毒臭液,因此家禽、野鸟和其他捕食动物都不爱吃它们。

B

100. 马陆吃什么为生？

A. 吃其他行动缓慢的小动物
B. 吃随处可得的腐叶、烂根
C. 吃数量极多的土壤螨类

全世界马陆接近 1 万种，已知它们是食腐性或植食性动物，其中多数种类吃落叶、朽木、腐殖质，少数吃植物幼根及嫩茎，对农作物有害。总体来看，马陆是土壤动物中的常见成员，也是生态系统中重要的分解者和最初的加工者。

B

101. 蜈蚣（百足虫）和马陆（千足虫）谁跑得快？

A. 它们跑得一样快
B. 马陆腿多跑得快
C. 蜈蚣跑得快得多

腿多的马陆（千足虫）跑得慢，腿少的蜈蚣（百足虫）跑得快。因为蜈蚣的身体和足部都强壮有力，前后各对腿配合协调，跑起来能使上劲。而马陆的腿细小而且挤在一起，行走时前后足依次密接成波浪式向前，很有节奏，但很迟缓。

C

102. 蜈蚣俗称百足虫，它们有 100 条腿吗？

A. 有些种类的蜈蚣有 100 条腿
B. 大蜈蚣腿多，小蜈蚣腿少
C. 蜈蚣全身有 22 个体节，每节 1 对腿

蜈蚣

颚足

　　蜈蚣身体呈扁平长条形，全身共 22 个体节，每 1 节有 1 对腿，其中第 1 对步足演变为颚足，位于口旁，不仅可以触辨食物，还有将食物送入口内的功能，其余 21 对均为步足。蜈蚣在分类上属于节肢动物门唇足纲。

C

103. 著名毒虫蜈蚣的毒液从哪里排出？

A. 从腹部末端排出
B. 从口腔排出
C. 从颚足排出

蜈蚣的颚足

颚足

　　蜈蚣的第 1 对足形状特别，呈尖钩状，称为颚足，体内的毒腺与颚足尖端的开口相通。蜈蚣捕食或咬人时就由颚足排出毒液，使受害者中毒麻痹。蜈蚣因跑得快和分泌毒液成为凶猛的肉食性动物，它捕食多种昆虫，如蚂蚱、蟋蟀、甲虫、蜘蛛、蚯蚓、蜗牛等。

C

104. 人被石蜈蚣咬了以后，后果严重吗？

A. 如同被蚂蚁叮咬
B. 如同被蜜蜂蜇过
C. 如同遭毒蛇咬伤

石蜈蚣

目前全球已知蜈蚣有 3000 多种，石蜈蚣是其中一类常见的小型毒虫，身长只有 2—3 厘米，全身 15 个体节，通过这一点可与 22 个体节的蜈蚣区分。石蜈蚣的 1 对颚足也带毒，但由于毒腺不够发达，毒液的毒性不算强，被咬伤者感觉如同被一只蜜蜂蜇过，不久便会自愈。

B

105. 地蜈蚣有什么特别的习性?

A. 母地蜈蚣会细心呵护产下的卵
B. 母地蜈蚣对产出的卵不管不顾
C. 母地蜈蚣会吃掉部分自己产的卵

地蜈蚣

　　母地蜈蚣产下受精卵之后,母虫会精心守护卵团。卵经 40—50 天孵化为幼地蜈蚣。母虫守护幼体不离开,表现出明显的护卵和育幼行为,如此低等的无脊椎动物已经有了保护后代的本能。

A

106.蚰蜒遭遇天敌、面临危险时会怎么办？

A. 急速逃走
B. 装死不动
C. 断足求生

蚰蜒

蚰蜒俗名"草鞋底"，是蜈蚣家族成员，身上有15对细长的腿，每条腿的跗节特别长，加上各节都有长短不等的细刺，前后腿排列紧密，细刺交错，样子就像古代农民编制的草鞋底。蚰蜒遇敌危急时，腿能自动断离，断下来的腿会不断抖动，以此吸引敌方注意力，使主体得以逃脱。

C

107. 目前全世界已知共有多少种蜘蛛？

A. 40000 多种
B. 4000 多种
C. 400 多种

蜘蛛虽然是古老的动物，但生存能力超强，至今家族依然繁盛，种类众多，分布很广，生态类型多样。地球上除了南极洲，其他 6 个大洲都有蜘蛛家族的成员。目前全球有记载的蜘蛛超过 40000 种。

A

108. 蜘蛛吃什么为生？

A. 蜘蛛是杂食性，动植物都吃
B. 蜘蛛是肉食性，活物死尸都吃
C. 蜘蛛只捕食鲜活的动物

蜘蛛家族的成员是地球上极其成功的掠食动物，几乎所有种类的蜘蛛靠捕食其他鲜活的昆虫和小动物为生，几乎从不吃动物尸体或腐肉。有时蜘蛛捕获的猎物一顿吃不完，会吐丝包裹保存，被包裹的猎物处于麻痹状态，不会死亡腐烂。

C

109.所有种类的蜘蛛全都结捕虫网捕食吗？

A. 全都结车轮形网捕食
B. 结不同类型的蛛网捕食
C. 部分种类不结网捕食

结网蜘蛛

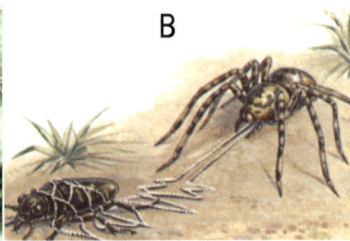
游猎蜘蛛

洞穴蜘蛛

三种捕食类型的蜘蛛

蜘蛛捕食类型多样，有些种类的蜘蛛结网捕食，有些游猎捕食，还有一些蜘蛛躲藏在洞穴里伺机捕食。结网捕食的蜘蛛织黏性蛛网，等待猎物自动撞到网上；游猎蜘蛛不织捕虫网，而是四处奔走觅食；洞穴蜘蛛习惯于躲藏在洞穴里，在洞口布设无黏性的报警网线，以便伺机出洞捕食。

C

110. 游猎捕食的蟹蛛怎样捕食？

A. 埋伏在洞口等待猎物到来
B. 四处游猎捕虫
C. 白天休息，黑夜捕猎

游猎跳蛛捕蝇

游猎蟹蛛
捕虫

在 4 万多种蜘蛛家族的成员中，近一半种类属于不织网捕虫的游猎捕食类型，例如蟹蛛就能凭借良好的视力和灵活的足四处巡游，寻找和捕捉鲜活的昆虫为食。游猎蜘蛛通常视力极好，能精准锁定猎物，8 条腿健壮有力，善于奔跑追逐猎物。

B

111.蜘蛛怎样吃掉比自身大的猎物？

A. 靠螯牙一口一口地咬着吃
B. 用腿撕碎猎物后吞食
C. 靠消化液进行体外消化

白蟹蛛捕食大猎物

蜘蛛能捕食比自身大几倍的猎物，是因为其头部有一对能分泌毒液的螯牙。蜘蛛捕食时先用螯牙咬刺猎物并注入毒液将其毒晕，然后向猎物体内注入强效消化液，将猎物的肌肉及内脏溶解为浆汁进行体外消化，再通过口和能伸缩的吮吸胃，将溶化的肉汁吸进胃肠内。

C

112. 蛛丝是从蜘蛛身体的哪个部位喷吐出来的?

A. 从口腔吐出
B. 从腹部的专门器官吐出
C. 从肚脐眼喷出

蜘蛛吐丝器
正在吐丝

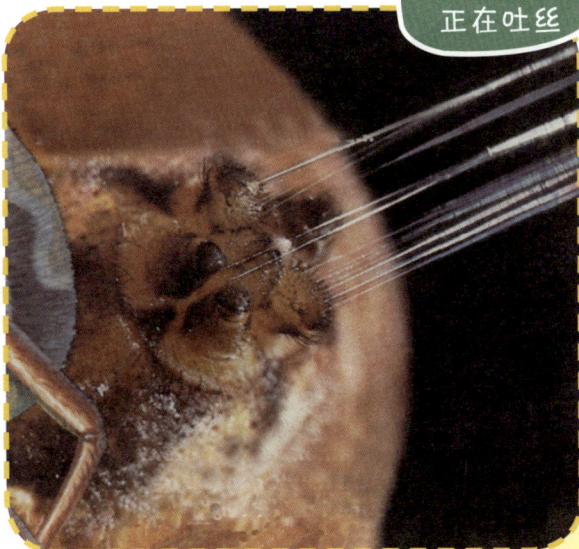

蜘蛛没有肚脐眼,也不是从口腔或肛门喷出蛛丝,而是通过腹部后端专门的吐丝器喷出丝液,至体外后迅速凝成固态蛛丝。不同种类的蜘蛛吐丝器的结构有所差别,大多数种类蜘蛛的吐丝器具有6个喷丝头,每个喷丝头上都有细微的喷丝孔,同时喷出多股细丝。

B

113.织网捕食的蜘蛛与游猎捕食的蜘蛛谁的视力更好？

A. 织网捕食的蜘蛛视力更好
B. 游猎捕食的蜘蛛视力更好
C. 视力与捕食方式无关

游猎蜘蛛黄跳蛛

织网蜘蛛红寡妇蜘蛛

蜘蛛眼睛的发达程度与捕食方式密切相关。游猎蜘蛛，如黄跳蛛，8只眼睛又大又亮，它们有出色的视力，能精准发现和捕获猎物。织网蜘蛛，如红寡妇蜘蛛，8只眼睛小且视力差，它们主要依靠4对细长灵敏的腿织网来捕食，其腿上大量的微型振动感受器帮助其感知网丝的振动。

B

114. 为什么织网蜘蛛不会被自己织的网粘住？（可多选）

A. 它们行走在光滑丝上
B. 它们全身光滑无毛
C. 它们的体表有薄油层

蛛网中间部分通常不黏

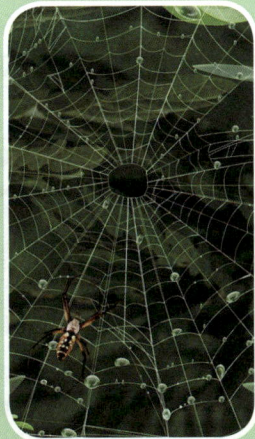

蜘蛛所在的辐射丝是不黏的

　　一张蛛网中通常有用于捕捉猎物的黏性丝和用来行走的光滑丝两类蛛丝，蜘蛛能够清楚地区分和使用。蜘蛛在网上活动时，会避免在有黏性的蛛丝上走动。由于它们体表有一层薄薄的油性物质的防护，偶尔触碰到黏性蛛丝，也不会被黏住。

AC

115.蜘蛛吃不完捕获的猎物怎么办?

A. 不加处理，任由其腐败
B. 喷吐蛛丝，加以捆绑
C. 清理蛛网，丢弃不要

蜘蛛吐丝
捆绑猎物

　　吃不完食物时，无论是结网蜘蛛还是游猎蜘蛛，通常都会先分泌毒液麻醉猎获物，接着喷吐特殊的捆绑丝包裹猎获物，留待下一顿享用。蜘蛛用足将蛛丝缠绕包裹猎物的速度非常快，比人手的动作还快。蜘蛛不吃死尸腐肉，它们用来包裹猎获物的捆绑丝有防腐保鲜的作用。

B

116. 蜘蛛分泌丝液的丝腺都是同一种类型吗？

A. 蜘蛛体内只有 1 种丝腺
B. 蜘蛛体内有 2 种丝腺
C. 蜘蛛共有 6—8 种丝腺

据科学家研究，原始蜘蛛仅有 2 种丝腺。随着地质历史的变迁，蜘蛛丝腺不断演化发展，现已知蜘蛛体内共有 6—8 种不同类型的丝腺，例如壶状腺、葡萄状腺、梨形腺、管状腺、叶状腺等，不同丝腺分泌不同结构和用途的蛛丝。

C

117. 蜘蛛在生活中喷吐的丝都一样吗？

A. 每种蜘蛛至少喷吐 4 种不同的丝
B. 1 种蜘蛛只喷吐粗、细 2 种丝
C. 1 种蜘蛛喷吐的全是一样的丝

蜘蛛是产丝、用丝高手，蛛丝对蜘蛛而言至关重要。为满足不同的功用，蜘蛛会分泌和喷吐多种不同的蛛丝，其粗细、黏性、抗拉强度甚至颜色等方面都有差别，分别有框架丝、粘捕丝、行走丝、逃逸丝、护卵丝等。每种蜘蛛在生活过程中至少喷吐 4 种丝。

A

118. 一只狼蛛有多少只眼睛？

A. 2 只
B. 6 只
C. 8 只

狼蛛8只眼睛的排列

　　一只狼蛛共有8只明亮的眼睛，例如图中这种狼蛛的眼睛明显排成3个横排：前排4只眼睛较小；中排2只主眼特别大；后排2只眼睛也相当大，其位置在头顶两侧。狼蛛眼睛的这种排列方式，使它能够同时眼观六路，防备背后受敌。

C

119. 一只跳蛛有多少只眼睛？

A. 4 只
B. 8 只
C. 12 只

跳蛛 8 只眼睛的排列

一只跳蛛共有 8 只眼睛，最大的那双眼睛是它的主眼，可以感知物体的大小、颜色、形状和距离；两侧还各有 3 只较小的副眼，主要用于观测物体的移动。跳蛛的视力非常敏锐，能四处精准地捕食猎物。

B

120. 中华狼蛛的幼蛛孵出后头几天在哪里度过？

A. 在地下松软的土壤里
B. 趴在母狼蛛的背部
C. 在母狼蛛预先织好的丝袋里

背着幼蛛出洞觅食的母狼蛛

中华狼蛛是一种在洞穴里生活的蜘蛛，母蛛将卵产在自己预先织好的丝袋中，以便随时看管和保护。每个生育季有近百只幼蛛从卵袋中孵出，并立即爬上母蛛背部。母蛛携带、管护幼蛛几天后，幼蛛才离开母蛛独立生活。

B

121.以下哪一种蜘蛛是世界上最毒的蜘蛛之一?

A. 黑寡妇蜘蛛
B. 巨捕鸟蛛
C. 豹蛛

雌性黑寡妇蜘蛛

　　雌性黑寡妇蜘蛛富于攻击性，能够分泌毒性极强的神经毒素，人若被咬后会感到剧烈疼痛，出现肌肉痉挛、腹痛、发热以及吞咽或呼吸困难等症状，轻的医治几天后可痊愈，重的需医治数十天，儿童和体弱者被咬甚至有生命危险。

A

122. 大名鼎鼎的黑寡妇毒蜘蛛有多大？

A. 雌蛛大小像一粒带壳花生
B. 雌蛛大小像一粒绿豆
C. 雌蛛大小像一个桃子

黑寡妇蜘蛛大名间斑寇蛛，雌蛛体长通常 2—4 厘米，最大可达 8 厘米，是大型蜘蛛；雄蛛比雌蛛小一半，甚至更小。它得名"黑寡妇"是因为体色以黑色为主，有些雌蛛在配对时会吃掉雄蛛。黑寡妇蜘蛛分布广，常有人被其咬伤，其神经毒素毒性强，但被咬者大多能够被治愈。

A

123. 雌、雄黑寡妇蜘蛛都有毒吗？

A. 只有雄性有毒
B. 只有雌性有毒
C. 雄性和雌性都有毒

黑寡妇蜘蛛只是雌性个体有毒，雄性个体对人完全无毒。人类被雌性黑寡妇蜘蛛叮咬，其神经毒素会引起人类肌肉的持续收缩，从而导致痉挛。对症治疗包括止痛和松弛肌肉。黑寡妇蜘蛛主要生活在温暖的热带和亚热带地区。

B

124. 黑寡妇蜘蛛织的网有什么特点？

A. 工整的轮状平面网
B. 特殊的漏斗形网
C. 独特的三维立体网

黑寡妇蜘蛛
和它织的网

　　黑寡妇蜘蛛能编织独特的三维立体不规则网，这种网初看像毫无章法的一摊"乱丝"，其实它是世界上最结实的蛛网，其黏性超常、抗拉力特强。网由纵丝、横丝及斜丝交织而成，因此更加坚固，能网住较大的猎物，甚至偶然能网住一条蛇。

C

125. 世界上真有能捕鱼吃的蜘蛛吗？

A. 已经发现多种捕鱼蛛
B. 至今仅发现一种捕鱼蛛
C. 至今未发现任何捕鱼蛛

捕鱼蛛捕获小鱼

依据研究报道，世界各地有几十种会捕鱼吃的蜘蛛。捕鱼蛛是半水栖动物，生活在溪流岸边、沼泽湿地或水滨岩壁上，有的能在水面上奔走，有的会游泳和潜水。它们具有能捕获小鱼的身体结构与本领，也捕食容易捕到的昆虫或浅水处的蝌蚪、小虾等。

A

126.特立独行的捕鱼蛛怎样捕食鱼儿?

A. 专捕漂到岸边的死鱼
B. 织网在水滨等小鱼跳落网中
C. 在水面或潜入水中捕鱼

捕鱼蛛享用鱼肉大餐

　　捕鱼蛛非常神奇，水面就是它们的"大网"，它们利用水的表面张力和腿上的绒毛能轻而易举地漂在水面，凭借身上灵敏的感觉毛察觉水下鱼儿所在，既能快速在水面奔跑追赶猎物，又能潜入水中抓住小鱼、小虾、水黾，甚至水蝎子，接着注入毒液，使猎物失去抵抗力，将其拖上岸边享用。

C

127. 世界上发现捕鸟蛛的第一人是谁?

A. 伟大的生物学家达尔文
B. 著名的德国学者洪保德
C. 德籍女学者梅里安

梅里安和她绘制的《蜘蛛捕鸟图》

　　德籍女学者兼画家玛丽亚·梅里安是发现捕鸟蛛的第一人,这是她在 300 多年前深入南美洲热带雨林考察研究昆虫和植物时的惊世奇遇。当时她亲眼看到一只超大的蜘蛛正在吸食一只小蜂鸟,便用画笔将此场景记录了下来,这类蜘蛛随后被命名为"捕鸟蛛"。后来世界各地陆续发现了多种捕鸟蛛。

C

128. 哪种捕鸟蛛是当今已知体形最大的蜘蛛？

A. 亚马孙巨人捕鸟蛛
B. 虎纹捕鸟蛛
C. 蓝牙捕鸟蛛

亚马孙巨人捕鸟蛛

目前吉尼斯世界纪录中最大的蜘蛛，是一只雌性亚马孙巨人捕鸟蛛，其体表密生绒毛，体长 13.5 厘米，足展宽 28 厘米，体重达 135 克，大小和成年人的拳头相近，是帕布罗·圣·马丁探险队于 1965 年在南美洲委内瑞拉捕捉到的。

A

129. 大型毛蜘蛛捕鸟蛛主要捕食什么猎物？（可多选）

A. 捕食当地的小蜂鸟
B. 捕食昆虫
C. 捕食蜥蜴

捕鸟蛛捕食昆虫

捕鸟蛛个头大，却是原始的蜘蛛类，主要依靠力量和速度捕捉猎物，它们日常的食物与其他种类蜘蛛相似，**主要也是昆虫及其他节肢动物**。当然，遇到合适的蜥蜴、小鸟及小型兽类等，捕鸟蛛也会捕食。

A **B** **C**

130.生活在水下的水蜘蛛怎样获得空气?

A. 用鳃呼吸水中的氧气
B. 能长时间忍受缺氧
C. 从水面上携带气泡到水下

水蜘蛛和钟形护罩

水蜘蛛善于在水底植物间吐丝结网,它把水下蛛网建造成类似潜水者用的"钟形护罩",然后用体表细毛从水面上携带气泡注入护罩,使护罩内充满空气。水蜘蛛就在护罩里捕食、蜕皮、繁殖。如果护罩内空气不够了,它便上浮至水面再次带回气泡充气补充。

C

131. 撒网蛛怎样捕虫?

A. 用四条腿举着网撒网捕虫
B. 在树枝间织网捕虫
C. 四处游猎捕虫

鬼面蛛撒网捕虫

撒网蛛属于巨眼蛛科,又叫"鬼面蛛",生活在热带丛林中,是一类以特殊方式捕猎的织网蜘蛛。它们一改普通织网蜘蛛"守网待虫"的习性,而是预先织好一张特殊的无黏性的绒丝网,并用它的 4 条长腿举着。等到有虫子经过网下,它就用足撒出这张网,精准地把虫子罩住。

A

132. 瓢虫蛛外形和体色拟态瓢虫有何意义？

A. 体色鲜艳，利于求偶
B. 身体浑圆，利于滚动避敌
C. 蒙骗天敌，平安度日

拟态瓢虫的瓢虫蜘蛛

瓢虫色彩艳丽，但虫体味道酸臭难吃，食虫鸟类吃过一次就能记住：瓢虫恶心难吃，以后见到不再吃它。瓢虫蛛拟态瓢虫，可以蒙骗食虫鸟类——误将它们当成瓢虫而放过不吃，这样，瓢虫蛛存活的几率就更高了。

C

133. 生活在南非沙漠的六眼沙蛛有毒吗?

A. 无毒性
B. 有微弱的毒性
C. 有很强的毒性

六眼沙蛛捕食

　　六眼沙蛛的毒液是世界上最致命的毒液之一，毒液溶血作用强大，可对人造成极其严重的伤害。六眼沙蛛很特别，它不跟踪猎物，不会织网，靠毒液就能捕猎，其耐饥力也让人惊叹，即使不吃不喝，也能撑过一年。

C

134. 盲蛛也是蜘蛛家族的成员吗？
（可多选）

A. 是
B. 不是
C. 同属于节肢动物蛛形纲

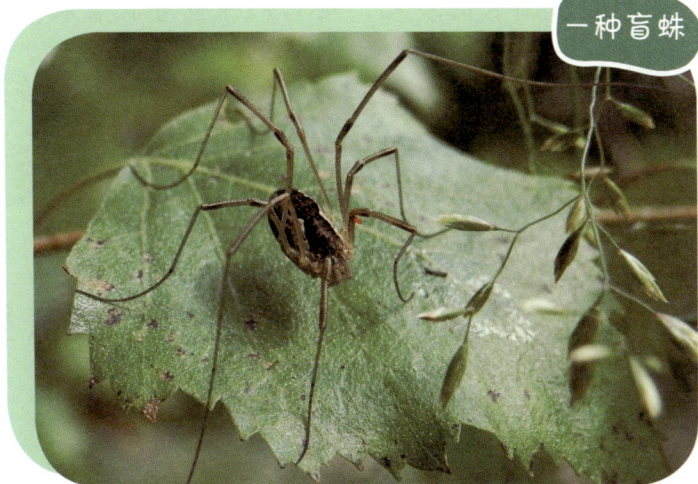

一种盲蛛

　　盲蛛和蜘蛛都是8条腿的节肢动物，这是相同点。但盲蛛形态结构不像蜘蛛，头上无触角，体内既无毒腺也没有丝腺，仅有单眼1对，视力很差，因此被叫作"盲蛛"。蜘蛛和盲蛛差别很大，蜘蛛属于节肢动物门蛛形纲蜘蛛目，盲蛛属于节肢动物门蛛形纲盲蛛目。

B C

135. 盲蛛遭遇天敌时以何种方式化解危机？

A. 喷射毒液赶走敌方
B. 舍弃一条腿
C. 吐出逃逸丝逃离险境

盲蛛的 4 对细长的步足，是它们探查寻找食物的有利器官。当遭遇蜈蚣、胡蜂、蜥蜴、食虫鸟类等天敌时，盲蛛会以自切方式舍掉 1 条长腿，"丢腿保身"，掩护自身逃离危险。

B

136. 同等粗细的蛛丝与钢丝、蚕丝比较，哪种性能最优良？

A. 钢丝
B. 蛛丝
C. 蚕丝

据科学家测定，蛛丝的强度和弹性比蚕丝高 2 倍，比钢丝高 5 倍，是目前已知的天然动物纤维中强度和弹性最高的一种蛋白纤维。蛛丝的延伸度可以达到 130% 而不会断裂，同时，它还具有耐湿和耐低温的性能。蛛丝是制造轻质防弹衣和多种高科技制品的最好材料。

B

137. 雌螳螂、蝎子及黑寡妇蜘蛛有何共同习性？（可多选）

A. 这三类动物都是肉食性的
B. 这三类动物都有毒
C. 这三类动物都有吃掉雄性配偶的习性

螳螂　　　　　　蝎子　　　　　黑寡妇蜘蛛

　　发育成熟的雌性螳螂、雌性蝎子及雌性黑寡妇蜘蛛，在繁殖期间，大多数都会表现出吃掉雄性配偶的习性。

A C

138. 新生蜘蛛靠什么远行扩散？

A. 靠新生蜘蛛的飘游丝
B. 靠母蜘蛛携带
C. 靠幼蜘蛛自己爬行

一窝幼蜘蛛开始飘游

新生蜘蛛十分微小而轻盈，出生时身体挂在一根纤细的蛛丝末端，在空气中随风飘移到适宜的地方生长。这样一来，碰到有风的天气，新生蜘蛛可能随风"飞"好几千米远，扩散传播到更广大的区域，避免同种拥挤和竞争。夏末时节，空气中有时会飘移一根根细丝，可能就是新生蜘蛛的飘游丝。

A

139.蝎子用哪个器官捕捉猎物?

A. 用尾部的毒刺
B. 用头部的钳状螯肢
C. 用一对前腿抓住猎物

一种蝎子

蝎子身上有两件武器——头部的一对钳状螯肢和尾部的一根有毒尾刺。蝎子用强壮的螯肢捕捉鲜活的小动物,如蜘蛛、蟋蟀、马陆等。有毒的尾刺是用来防御敌害的。蝎子张着螯肢举起尾刺,威武凶悍,显示它正在准备进攻,同时也在注意防御。蝎子天生攻防兼备。

B

140. 新生蝎子头几天在哪里度过？

A. 在其洞穴附近的土壤里
B. 在母蝎栖居的洞穴中
C. 在母蝎的背上

母蝎背着幼蝎

蝎子是卵胎生动物，受精卵在母蝎体内完成胚胎发育后才产出小蝎子，母蝎一胎可能生育15—35只小蝎子。新生蝎子身体弱小柔软，出生后立即爬上母蝎背部，由母蝎携带和保护，约1周后蜕皮成2龄蝎，才陆续离开母蝎，独立生活。

C

141. 在自然环境中蜱虫怎样来到人身上？

A. 从高大树木的枝叶掉落到人身上
B. 潜伏在低矮植物上，伺机接触人
C. 像蚂蚱一样蹦跳到人身上

野外的蜱虫

　　原本生活在自然环境中的蜱虫，潜伏在低矮植物如草类及灌木枝叶的顶端，等待路过的人或动物。一旦有人或动物路过，灵敏的嗅觉会告知它：寄主走近了。它立即伸开前足，紧紧爬附在路过动物的毛皮、人的皮肤或裤腿上，然后钻进寄主柔软的皮肤内，找到一根血管并在那儿饱吸寄主的血液。

B

142. 饱吸寄主鲜血的蜱虫体重会变为原来的多少倍？

A. 10 倍
B. 100 倍
C. 200 倍

一只吸饱鲜血的蜱虫

吸血前，一只雌性蜱虫体长约 4 毫米，体重约 2 毫克，一旦饱吸鲜血后，其体长变为 1 厘米左右，体重猛增至约 400 毫克，为原来的 200 倍。蜱虫会传播可怕的疾病，必须小心避免被其寄生。

C

143. 人体内常见的最大肠道寄生虫是哪一种?

A. 人蛔虫
B. 钩虫
C. 蛲虫

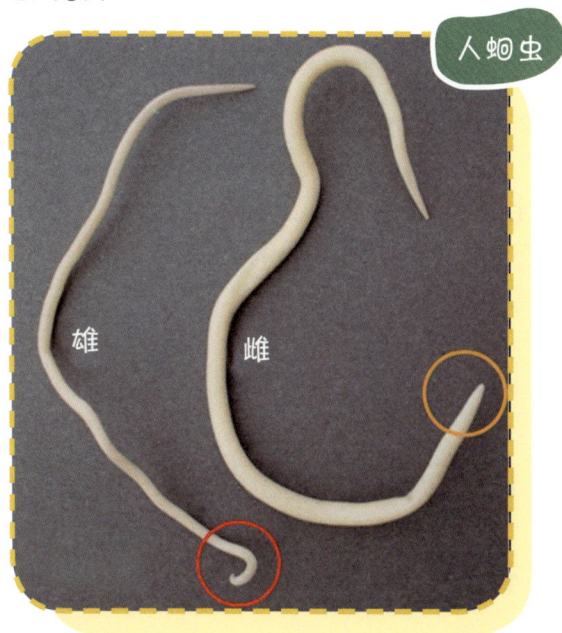
人蛔虫
雄 雌

　　人蛔虫俗称蛔虫，是人体内最大的也是最常见的肠道寄生虫。雌蛔虫体长 20—35 厘米，雄蛔虫较短小，体长 15—30 厘米，雌、雄蛔虫形态略有差别。钩虫成虫体长仅约 1 厘米，蛲虫体长不足 2 厘米。这 3 种寄生虫都属于线虫类，都寄生在人体肠道中，危害人体的健康。

A

144. 为什么雌蛔虫在人体肠道内能产巨量卵？（可多选）

A. 营养供给充足
B. 寄生环境适宜
C. 寄生虫生殖系统高度发达

　　一条寄生在人体肠道的成年雌蛔虫每天能产 20 万粒卵，一生产卵无数。蛔虫是高度适应寄生生活的寄生虫，能吸收寄主肠道内半消化物质作为养料，营养充足，居住环境适宜，因此蛔虫消化系统简单，相反生殖系统高度发达，成为超高产的"产卵机器"。

A B C

145. 雌蛔虫产在人体肠道中的卵会接着孵化吗？

A. 能，所有的卵都能孵化为小蛔虫
B. 不能，全部卵随粪便排出体外
C. 部分卵能在人体内直接孵化

　　雌蛔虫产在人体肠道内的卵是不能直接孵化的，全部随宿主粪便排出体外。其中部分受精卵在适宜条件下发育为感染期卵，这种卵通过食物污染等途径进入人体，才能发育为新一代人蛔虫。因此感染蛔虫病的人，肠道内寄生的人蛔虫大多有一条至几条，很少有数十条上百条的。

B

146. "对虾"的名字是怎样来的？

A. 对虾总是成对生活
B. 取"对虾"为名，讨个吉利
C. 早先人们的传统习惯，将其成对出售

对虾

对虾是在中国黄海和渤海出产的名贵大型海虾，是一年生洄游虾类。因其生长快、营养价值高，成为很好的水产养殖对象。天然对虾体形大，早先在中国北方市场，买卖对虾都以"对"论价，渔民统计捕捞成果也习惯按"对"计算，"对虾"这个名称就此流传。对虾并非总是成对生活。

C

147. 毛虾是怎样的一类小虾?

A. 海洋生态系统中的重要角色之一
B. 很不起眼的小型虾类
C. 剥去虾肉的小虾皮

毛虾是具有重要资源价值的小型海虾，是众多经济鱼虾类的重要饵料，在海洋生态系统食物链中居于承上启下的关键地位，因此，它是海洋生态系统中的重要角色之一。毛虾中含有多种高质量的营养成分，成为大众喜爱的海洋食品，也是中国、日本和韩国主要捕捞利用的目标品种。

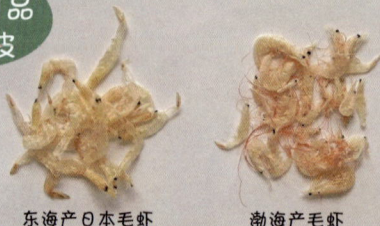

毛虾干制品
——虾皮

东海产日本毛虾　　渤海产毛虾

A

148. 人们平常食用的虾皮是哪类小型虾的干制品?

A. 毛虾　　　B. 磷虾　　　C. 脊尾白虾

虾皮是一类被称为毛虾的小型虾的干制品。毛虾身体侧扁，皮壳极薄，全身透明，它的头部第二对触角特别长，像一根红色的细毛，所以被叫作毛虾或红毛虾。毛虾体形小、皮薄，干制后身体薄得就像一层"皮"，"虾皮"一名由此而来。用中国毛虾生产的虾皮为上乘食品，营养丰富，味道鲜美。

A

149. "基围虾"是指某一种虾吗?

A. 指个头较小的对虾
B. 指一种淡水养殖虾
C. 指一种养虾的方法

"基围虾"并非指某种虾,它是指养虾的一种方法。基围虾并不是虾的名称,因为不同地区采用"基围法"养殖的虾的品种有所不同。早期在基围(在近海滩涂修筑的围堤)里养的虾的品种主要是适宜在近岸浅海生活的刀额新对虾,它算是正统的基围虾。后来,长毛对虾、日本囊对虾也采用基围虾方法养殖。

C

150. 磷虾是普通的虾类吗?

A. 磷虾属于普通虾类
B. 磷虾与普通虾类有显著不同
C. 有些磷虾是普通虾类

磷虾是节肢动物门磷虾目动物的统称,与普通的十足目虾类有显著不同。全世界共80多种磷虾,虽然外形有点儿像普通小虾,但身体构造、生理生态都不一样。磷虾全部海产,集群浮游生活,身体透明,没有鳃腔,鳃裸露在外,腹部附肢上有生物发光器官,能发出磷光,因此被称为磷虾。

B

151. 以下哪种动物是世界上数量最多的多细胞动物？

A. 南极磷虾
B. 行军蚁
C. 蚊子

南极磷虾

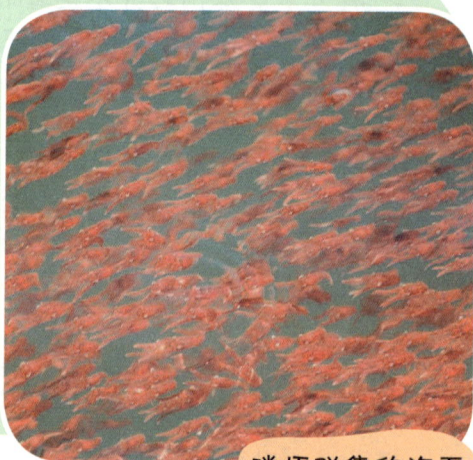

磷虾群集的海面

研究得知，南极磷虾是地球上数量最多的多细胞动物。每当繁殖旺季，每立方米海水中磷虾密度为1万—3万只，有时形成长、宽达数百米的巨大而密集的磷虾群，使得海面呈铁锈色。天文数量级的南极磷虾，是蛋白质资源宝库。

A

152. 在南极海域，哪些动物以磷虾为主要食物？

A. 蓝鲸、蝠鲼、南极企鹅
B. 虎鲸、锤头鲨、南极企鹅
C. 南极海豹、格陵兰鲨、南极企鹅

蓝鲸虽然是世界上最大的动物，但其身体构造却适于滤食大批量微小的磷虾、小鱼；蝠鲼属于最大的软骨鱼类之一，主要吃浮游动物磷虾和小鱼；南极企鹅为善游海鸟，主要捕食磷虾、乌贼和小鱼。而虎鲸喜欢捕食鲨鱼、海豹、海狮等；海豹捕食企鹅和鱼类。

A

153. 哪种虾是世界上最大的虾王？

A. 龙虾
B. 罗氏沼虾（长臂虾）
C. 克氏原螯虾

龙虾

虾类中最大的是龙虾，体长一般在 20—40 厘米之间，体重 500 克以上，最重个体达到 5 千克。龙虾头胸部粗大，腹部相对短小，外壳坚硬，色彩斑斓。龙虾幼年期每年蜕皮 2—3 次，随后每年蜕皮一次，直到成年。野生龙虾的寿命在 50 年以上。

A

154. 为什么外形差异很大的海星、海胆、海参同属于棘皮动物?

A. 不知道什么原因
B. 它们的体外有一层皮
C. 它们的外皮上都覆盖有钙质硬棘

海星

海胆

 海参

棘皮动物得名主要原因在于它们身体表面的棘皮。棘皮通常坚硬且具有尖锐的棘刺,可以用来防御敌害和支撑身体。

C